以創作為生

20年全職畫家寫給創作者的事業指南

職業は専業画家・無所属で全国的に活動している画家が、自立を目指す美術作家・アーティストに伝えたい、実践の記録と活動の方法

福井安紀 著

這本書是我以個人身分活動、舉辦多場個展，在三十歲到五十歲這二十年來做為專職畫家活動至今的實務經驗與技巧之紀錄。

大家都認為靠繪畫等創作為生是一件非常困難的事。但是，我用土石自製的顏料繪製木板畫，舉辦個展，在不隸屬於任何美術團體、沒有合作畫商的情況下，成功地讓自己和老婆（基本上是家庭主婦）、女兒一家三口過上樸實穩定的生活。如今，我依然在努力追求自己心目中理想的文化與美的姿態。

我之所以會提筆撰寫這本彙整實踐知識的書，原因如下。第一，我希望更多有實力的畫家可以不用兼差，專心從事繪畫活動。希望大家不要一開始就認為不可能。第二個原因是，我希望藉由自己帶頭分享實戰經驗，讓創作者之間變得更容易交換情報，將開放的風氣普及化。而在創造出高品質的美與賺錢的關係上，希望有更多人不放棄兩者兼顧，而是去思考、去嘗試，要是得到的結果不僅能讓自己受益，還能帶動其他人去挑戰的話，我相信在不久的將來，就會有好幾個人成功開發出比能夠專注於創作還要更好，或是更新穎的活動手法。

我認為，要是能有更多創作者賭上自己全部的人生，創造出更多、比自己的目標還要高品質的美，現在的美也許就能幸運地跨越漫長時光，流傳到下個世代，甚至是兩百年後的未來。我衷心希望，現在的美能成為「支撐未來人文化力的一顆小石子」，就像現在的我們為過去的美感到自豪一樣。

希望既不有名，也不屬於任何團體的我所能分享出來的這些資訊，可以幫助到比我年輕的創作者們。

二〇二一年三月
繪師　福井安紀

目錄

《人之章》與客人間的關係

我在這三十年間，以舉辦個展為主持續進行創作活動。至今為止舉辦了一百三十三次個展（截至二〇二一年三月），結識了許多路過進來看展的人、畫廊的客人、畫廊主等。大量的人脈又為我帶來了不少珍貴的緣分，比如買下我好幾幅作品的客人、與我合作多年的人等等。而作為一個畫家，我過著沒有兼任其他工作，每天二十四小時都在面對「美」的專職生活。

然而，社會上充斥著「光靠藝術創作很難養活自己」的氛圍。也有人認為，只有出生在富裕家庭或與權貴有關係的人才能靠畫畫過日子。

但是，我出生於一般的自營業（城鎮裡的日用品批發商）家庭，成長環境非常普通，大學主要學設計，畢業後在企業裡擔任設計師。自從還是學生的二十歲起，我就持續創作用土石繪製的日本風繪畫，在當上班族的時候也舉辦了個展。後來和學生時代的交往對象修成正果，於二十四歲結婚，二十七歲有了一個女兒。

我想要過上「可以一直畫畫的生活」，於是在三十歲那年告別上班族人生，提高舉辦個展的頻率（一年四到八次），也結識了一些客人。三十五歲前後，生活終於穩定下來，可以專心畫畫了。四十三歲的時候，我與過去沒什麼交流的同年代畫家夥伴重新開始交流，想針對大家對自己活動的想法、關於畫廊的事情、創作出更好的作品的靈感等事情互相交換情報。

然而見面聊過之後，才發現原來大多數人都不是光靠繪畫為生的。創作出充滿魅力的作品、在百貨公司舉辦企畫展等發展得有聲有色的創作者中，也有兼任學校老師之類的，並不是只從事繪畫的創作。我受到強烈的衝擊，同時也開始思考他們不當專職畫家的原因。

很多人認為：「除非是相當知名的創作者，否則沒辦法光靠畫畫過日子。」我本人就是只靠畫畫過日子，但認識我的只有和我有緣的人，我並不是什麼「知名創作者」。

於是，我打算將自己至今為止構思出來的個展展示法、讓在個展上結識的人在名冊上留下住址的方法、為畫作定價的方法這些實踐知能都開誠布公地分享給大家。因為我覺得畫家之間互相藏招、不願交換情報，對彼此來說沒有好處，只有壞處。

因此，以在京都、東京、名古屋、福岡各地舉辦個展的時候為主，我開始在閉展後的夜晚，召開以年輕創作者和同年代創作者為對象的「討論持續創作活動的要點之會議」（以下簡稱「討論會」）。

在討論會上，我遇到了許多一開始就放棄靠繪畫為生的人、認為不可能有陌生人會來購買自己畫作的人。而我也感覺到，自己對個展活動的想法和他們之間有著巨大的鴻溝。

福岡「討論會」的傳單

由提供會場的「Atelier cafeier」製作。

「討論會」的會場景象

於「Art Gallery北野」（京都市）的地下室。

於是我重新驗證了自己至今為止在創作活動中體驗到的事，開始從對我而言再自然不過的活動基礎概念當中，摸索出能夠分享給別人的東西。最後，終於能夠在「討論會」上談論比展示作品的方法這種表面的事情更貼近本質、更加根本的話題，比如畫家的心理建設和生活方式等等。

本書將會以我們在「討論會」上談論的內容為核心，針對「畫家要怎麼樣才能專職創作，靠繪畫為生」這個主題，講述我自己的想法以及實踐了那些事。

我們也會討論如何結識客人、

加深彼此緣分的方法等等貼近「商業」根源的事情。繪畫表現、繪畫方法之類的事情我其實沒記下來多少。對年輕創作者來說尤其重要的財務、生活規劃這類資訊，我倒是記得很詳細。

除了畫家以外，也有企業家和一般人會參加「討論會」，對「討論會」感興趣。若能讓本身並非畫家的人，也覺得一名畫家開拓自己事業的方法很有意思，我會非常開心。

本書會以「天之章 作為活動基礎的心理建設」、「地之章 關於錢」、「人之章 與客人間的關係」的架構展開討論。

如果大家能將本書作為持續創作活動，或是思考如何「養活自己」時的參考，我將感到非常榮幸。

＊關於畫廊的資訊皆為二〇二一年六月的資訊。畫廊的經營會因為都市開發或其他情況而發生歇業或搬家等變化。

□能夠一邊兼任其他工作，一邊持續畫畫就好。

□能夠持續創作自己的作品，並藉此為生就好了。

〈天之章〉

作為活動基礎的心理建設

想要靠自己的畫作為生的人就是自營工作者。
我認為最重要的是，不能抱持受雇於人的心態，
要把自己當作老闆，主動思考該怎麼做
才能拓展並維持自己的創作活動，並付諸行動。

I 希望大家以專職創作者為目標

1 關於靠畫畫為生這件事

我是靠繪畫吃飯的。而我的妻子曾經營過一段時間的繪畫教室，除此之外都以持家為主，沒有另外從事其他工作，獨生女也平安長大到出社會獨立了。二十五歲時買下一間中古屋，三十二歲還完貸款，如今五十歲，我和妻子兩人一起生活。至今為止我舉辦了超過一百三十次的個展，結識了各式各樣的人，獲得了許多畫畫的機會，從大型案件到個人委託都接了不少。我覺得自己的畫家生涯相當幸運。

但是，我並沒有得過公募展的大獎，既不有名，也沒有合作的畫商，更沒有參加藝術博覽會或在百貨公司舉辦個展的經歷。這樣的我之所以能夠靠繪畫生活，就只是靠著在人流量多的京都出租畫廊不斷舉辦個展，之後再以京都、東京、神戶為中心持續拓展舉辦個展的地點，到了五十歲的現在，我已經在北達釧路、南至福岡的二十三個城市舉辦過個展。

而我的動力來源，是學生時期的雕刻老師——木代喜司老師所說的話。

我二十歲的時候前去參觀了木代老師的個展，看見許多人來購買作品、盛況空前的會場，感到驚訝不已（這時候日本還處於泡沫經濟時代）。在那裡，老師對我說了一席重要的話：「福井同學，雖然現在有這麼多人想要我的作品，但這是我去結識每一個人，並且持續創造自己的客人所得到的成果。」、「你不要以為辦了個展就會馬上有很多人來參觀喔。」──老師告訴我「自己的客人要自己創造」這件事。於是我以此為目標，開始舉辦個展。現在因為許許多多的邂逅，得到了很多人的支持。

不要囫圇吞棗地接受「光靠畫畫沒辦法養活自己」這個前提，放棄「靠繪畫為生」。一定會有想購買繪畫、想支持創作者的人，但是他們肯定不會打從心底支持這種心態消極的創作者。

我認為，相信自己能藉由創造「自己的客人」，靠創作活動生活而展開活動，比什麼都還重要。

2 我的活動發展歷程

從少年時期開始，我就一心追求可以一直畫畫的小白臉生活

和許多畫家一樣，我從小就喜歡畫畫，國中時期就開始嚮往「可以一直畫畫的生活」。由於完全沒有想過販售作品的可能性，所以想遍各種可以一直畫畫的方法，最後想到的主意是「去當有錢人的『小白臉』」。

各位或許會覺得這很無厘頭，但當時的我其實是認真這麼想的，雖然想得很簡單。總而言之，就是非常渴望實現「可以一直畫畫的人生」。

不過，我感覺不到任何邂逅有錢人的機會和可能性，時間一年一年地過去，小白臉計畫依舊沒能實現。

十八歲的時候，我立志成為設計師，在京都教育大學修習以設計為主的課程（我也報考了京都市立藝術大學和金澤美術工藝大學，但不知道為什麼沒被錄取）。然而，在某次因緣際會之下，我開始了用土石作畫的創作活動，發現來自大自然的土、砂、石所具備的色彩有著與一般顏料完全不同的美，因而深陷其中。

用土石繪製的日本畫與我的初次相遇

京都教育大學是以培養未來教師人才為目的而設立的大學，因此除了設計以外，繪畫、雕刻等美術基礎全部都要學。

日本畫也是其中的一堂課，但當時老師要我們提前準備的基本繪畫工具組實在太貴，再加上叛逆心作祟，於是我打算利用身邊的東西湊合。

由於教日本畫的岡村倫行老師說：「日本畫的顏料是用膠黏上去的。」所以我將家裡的芝麻、附近收集來的沙礫和小石頭、石膏碎片和校園裡的土裝在瓶子裡帶去上課。

我至今仍然很感謝老師寬宏大量地容許我這麼做。以結果來看，芝麻會浮在膠上所以不能用，不過其他材料都可以當作顏料，我用它們畫完了作業的自畫像。

這件事成了我開始用土砂作畫的契機，之後我也繼續用土砂作畫，但因為我專攻的不是日本畫，所以畫法和表現方式都是自己琢磨出來的。

用研磨缽將來自大自然的土、砂、石磨成粉。

為了學習待人處事而當上班族——打造活動的基礎

我畢業後的目標是進入企業工作。我想了解日本社會是如何運作的，所以決定要上班三年以上。同時也想好要在三十歲之前辭去上班族的工作，挑戰可以一直畫畫的生活。

我在進公司第二年的時候結婚，第三年買下了一處中古屋，背上了貸款，第五年生下了獨生女。由於早就預想到三十歲以後收入一定會銳減，所以我努力節省生活開銷，為了早日還完房屋貸款而辛勤奮鬥。

此外，由於我除了工作以外的時間都在畫畫、創作作品，所以每隔一年半就會在京都舉辦個展。也差不多是在這個時候，開始感覺到兼差創作的極限。

轉變到專職創作的生活

三十歲的時候，我依照計劃離職，在沒有任何基礎的情況下開始挑戰專職畫家生活。這個時期我同時在自己家開繪畫教室，有時候也會接設計的案子，勉強維持著生活。

此外，我也努力拓展舉辦個展的城市據點，過了幾年，終於可以在京都、神戶、銀座、鏡石、大阪、町田這六個城市展示作品了。一直到三十五歲，才到達能夠單靠畫畫為生的水平。

對於辭去工作這件事，我妻子的想法非常大而化之，認為「一定會船到橋頭自然直」。

沒有遭到反對，能夠順利轉換生活模式真的是一件非常幸運的事，這也給了我很大的鼓舞。

為了過上「可以一直畫畫的生活」，我是像這樣相當有計劃性地打好基礎，才開始挑戰專職畫家生活的。

專職與兼職的差距

一天同樣都是 24 小時

↓

實質上的作畫「時間」有很大的差距

兼職	睡覺	用餐	上廁所、洗澡	作畫	交通等等	工作

大概2～3小時

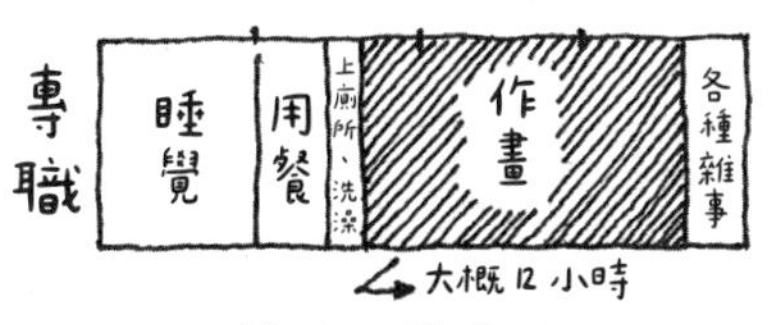

• 由於準備也需要時間，所以實際上的差距更大

也就是說

專職可以用比兼職快 5 倍的速度進化

Point

☆ 如果30歲開始成為專職，從現在到40歲的10年來就可以累積到和80歲的兼職畫家差不多的經驗。

☆ 此外，每辦一場個展，就會找到一個以上的課題和發現，讓創作活動進一步進化。

《想要成為專職畫家的原因》

3 江戶時代的繪師當然也是專職的

把這件事特地寫成文章感覺有點奇妙，不過，江戶時代的繪師當然也是每天都專心致志於創作活動。江戶時代有狩野派等繪師集團、伊藤若冲、池大雅、圓山應舉等留名至今的繪師和畫家。雖然時代風氣和現在不同，但他們並不會把大把時間分配給別的工作，只用剩餘的時間來作畫。

我想請大家想像的是，除了那些知名繪師以外，當時還有更多籍籍無名的繪師在活動。在每個時代裡，繪師都會彼此刺激、切磋，每日埋首研究，提升美的水平。然後，許多美術作品被創作出來，由城鎮的人們或寺社收藏，悉心保存。只有沒有遺失、沒有遭遇災害的一小部分「幸運的作品」流傳至今。

這裡雖然用江戶時代來舉例，不過身為生長在同一片土地上的人，我們都是因為從上古到現代的人們所創造出來的無數文化，而產生一種自豪的感覺。能令人感到自豪的文化，會讓我們的心靈變得堅強。有時候，這些文化甚至能擄獲全世界人們的心，成為別人對日本產生尊敬之情的契機。

過去的「致志之人」所創造出來的美，帶給了我們許多恩惠。

還有意想不到的美之恩惠

就像芝的增上寺和東京鐵塔、日本橋與從它上方通過的高速公路一樣，新事物和舊事物會神奇地融合在一起，孕育出新的價值。

雖然也有人說：「在日本橋上方興建高速公路是破壞景觀。」但是外國人反倒覺得：「日本獨有的特色就是麻雀雖小，五臟俱全。」發現我們沒留意到的美，從中看出了價值。

4 現代的我們必須為了未來人的文化力而努力

我們現在感到自豪的文化，是在影響過去文化的許多人努力之下形成的，因此我們也必須為了「未來人的文化力」竭盡全力。

就像過去的人們專心致志創造出高水準的美一樣，我們也要專心致志，奉獻自己的人生創造出美，這是我的理想。

在兼職創作的人當中，或許也有人認為「自己也是賭上人生努力著啊」。但是，各位有辦法看著創造出無數美好作品的專業先人的眼睛，說出同樣的話嗎？在真正意義上窮究美，是如此簡單的事情嗎？

我認為創作者和其他職種一樣，不成為「專業人士」是無法達到某些境界的。專職的人變得更多，彼此刺激、切磋，才能創作出更高水準的美，然後將這些高水準的美流傳到後世，就算只有寥寥數個也好。

我現在正在努力讓現代人欣賞、購買我的作品，同時也在為了未來的人奮鬥。但是一個人能做的事有限。我認為需要有更多抱持同樣想法、專注於創造美的創作者，互相提升美的水準。如果我的作品有一小部分能夠流傳到未來，成為「支持未來人文化力的一顆小石子」的話，我將會感到非常榮幸。為了結交能夠專職創作的夥伴，我開始舉辦「討論會」。

5 為了提升專職創作者人數的「討論會」——交換情報很重要

社會上的現況是，即便作品非常有魅力、能夠創作出高水準的美，很多創作者依然需要為了生計而從事其他工作。無論是在美術大學當教授或講師，或是從事其他類型的職業，他們都是在自己工作的空檔創作、展示作品。

基本上，兼職創作者一定也有想要專心畫畫、創作的想法。不過，反覆進行無法輕易賺取到能支應生活開銷的創作和發表，長年下來，消極放棄的風氣似乎在不斷擴散。

為了顛覆這股消極放棄的風氣，讓專職活動的創作者增加，我開始以年輕創作者為主要對象舉辦「討論會」，在這裡，我會無私分享我在活動中經歷過、累積至今的經驗和知識等情報。我認為，若是能將這些情報分享給年輕創作者，他們就可以用更短的時間掌握我花了十年才得出的知識。我希望讓有能力創作出吸引人作品的創作者了解活動的方法，在更年輕的時候就成為專職畫家。

在過去，創作者們只能花費自己的時間來獲得活動的實踐知能，並不會彼此交換情報，而這正是問題所在。如果創作者之間能夠自然而然地交換情報，有更多專職創作者願意把自己的私藏的祕訣分享出來，應該就能更快找出讓每個創作者都有辦法養活自己的「更好的活動方法」。

我衷心期盼專職的創作者能夠逐漸增加，因而舉辦了「討論會」，結果很幸運地得到了出版本書的機會。

神祕魔術——消極放棄風氣擴散的一大要因

到目前為止，我在活動中遇見了持各式各樣不同立場的創作者。在對話過程中，也有人不大贊同我的活動以及其他專職創作者的活動，提出了以下批評，這裡舉幾個例子。

- 如果不畫大型作品，技術就不會提升。畫小型作品也不行。
- 如果一直畫相同的題材，而不去深入挖掘，沒辦法描繪出那個題材的本質。

・要是不使用更好的顏料和筆，就沒辦法畫出更好的畫。
・在美術館裡展示的作品一定要看起來很壯麗，否則沒什麼價值。
・一邊從事其他工作，一邊持續畫畫，可以安心創作，能夠創作出更好的作品。

諸如此類。我不會去逐一反駁每一則意見，而認為這些意見正確的創作者也確實存在。靠畫沒辦法養活自己，這句話在我聽來，就像是刻板印象的魔術。

我認為，隨時思考自己重視的是什麼、自己真正想做的是什麼，並依此進行活動是最重要的。

愈是能夠自主活動的人，想法愈有彈性

常常有創作者在我的個展上看到作品，於是直接來問我運用了什麼技法和活動方法。這些創作者通常都是會誠實面對自己求知慾，已經在專職進行活動的人，即便還在兼職，也能從他們身上感覺到在不久後的將來能成為專職的魅力。

每個創作者都懷有某種傲氣，但是這些創作者的傲氣之中似乎也具備著彈性。

如果你一直用僵固的思想看待自己的活動，進步的速度就會變得非常緩慢。吸收各式各樣的想法和技術，利用一切能夠利用的資源，擁有這種彈性是很重要的。

II
自信踏出第一步

1 把緣分當成養分不斷進化

身為專職畫家的我，於二〇一八年開了十四場個展，二〇二〇年開了十三場，與大部分的畫家相比，舉辦個展的次數算是非常多。

而其中的一半都是辦在不屬於大都市圈的城鎮。原因是，在大都市以外的地方也有不少喜歡繪畫的人，如果不去各地的城鎮辦展，就無法遇見那個城市裡喜歡欣賞美的人。此外，由於我是透過展示畫作來結識那個城鎮的人，所以比起一般的旅行者，能聽到更深入當地文化的話題。而這也有助於發現新的價值觀。

舉例來說，我在福島縣磐城市舉辦個展時，有人告訴我，這個地方保留著來自愛奴語的地名，還有「勿來之關」意指大和民族國家和愛奴族國家的國境（有很多種說法）等等。我覺得很有趣，也非常感動。

全新的情報會成為下次創作作品的靈感。

畫家能夠透過畫作遇見各式各樣的人、文化與價值觀，我覺得這是一份很幸福的工作。某個學生純粹直接的好奇心、大企業董事長的開闊胸襟和溫情、神職人員和寺廟住持與社會之間的距離感、「鬼怪」研究家的活力和細心，各式各樣的邂逅影響了我，讓我認識到多元的價值觀，素養也得到提升。藉由接觸並學習每個人不同的生活方式，我對這個世界的看法也逐漸改變。

作品的表現會因為發現並認識這些全新的價值觀而昇華。而這種新的表現又能讓客人感到開心，營造出良性循環。

2 自信踏入專職創作者的世界

想要成為專職創作者，必須要在某方面「下定決心」。而且，我與好幾名創作者（專職、兼職兩者皆有）聊過，覺得這份決心是一個非常大的難關。

即便在某種程度上開始有人會購買自己的作品，但在兼職的狀態下，創作活動量還是相當有限。這些創作者本來可以透過作品結識更多的人，卻因為兼職而無法實現，或是錯過接下大案子或擴大活動的機會，但我覺得他們都沒有留意到這些事。

二十七歲前後，我一邊上班一邊於京都舉辦個展的時候，遇見了一位非常欣賞我的作品的人。我向那個人解說了作品和其創作背景，他相當有共鳴，大受感動，接著這麼問我：「下次個展是什麼時候？」我老實地告訴他下次是一年半之後，然而他卻露出失望的表情，惋惜地說：「我等不了那麼久。」那副遺憾的樣子，至今仍然留在我的腦海中。

創作者可以遇見各式各樣的人，是一份非常幸福的工作。

而且

透過作品，才能聊到文化與價值觀這種深入的話題。

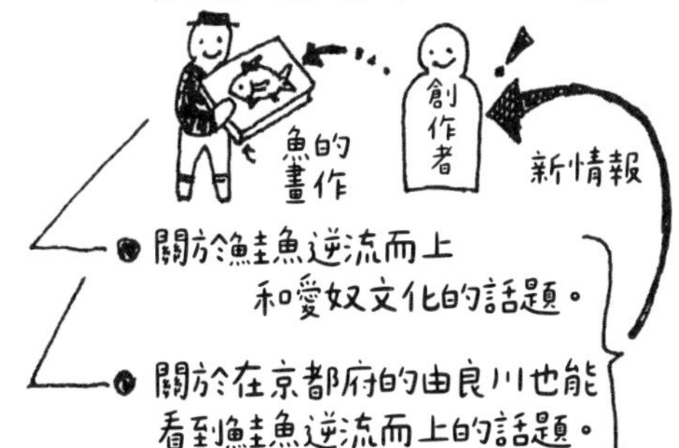

☆由於是關於個人思想的深入話題，所以很難寫成書籍
＝非常珍貴！
（可信賴的程度各有不同）

隨著情報不斷累積，創作者的素養和作品也會更上一層樓。

當時，我還是以上班族的身分兼職進行創作活動，所以覺得自己一年半舉辦一次個展已經非常努力了，然而從觀賞者的角度來看，這段期間應該要更短（之後我從經驗中學到，間隔十個月左右比較妥當）。他當時可能是想要委託我製作什麼作品吧，但是時機沒有配合上。

我相信，如果不在某個時期走上專職的道路，就不會有真正意義上的發展。

基本上，我認為下定決心的時機愈早愈好。想要等生活穩定下來的話，只會一直踏不出那一步，讓時光白白流逝。就算沒有什麼基礎，我還是建議各位存到一定的資金後，就放手嘗試看看。

如果全力挑戰專職活動一年後，生活還是難以為繼的話，再去找別的工作。等到存到本錢，再次挑戰。我認為「認真但保持輕鬆心態的嘗試」能夠拓展靠專職創作為生的可能性。

而立志「上班族當到三十歲就要退休」，並付諸行動。相信自己「一定會成功」，提前定好獨立的時期也是個有效方法。

二十四小時專注於追求「美」，會體會到很多第一次的感覺。我希望大家能體會到用比兼職創作者快上好幾倍的速度進步的喜悅。希望各位能開闢出屬於自己、真正的美學世界（請參照19頁的插圖）。

＊

這一章只談論了創作者的心理。不過，這份作為一切活動基礎的心理建設是非常重要的。想支持創作者的客人，也是因為看到創作者盡心盡力創作的樣子才想要支持，要是沒有全力以赴，別人想支持你的心意就會減弱。

抱持專職創作、「靠畫畫為生」的堅定想法展開活動，接下來要說明的所有情報就會派上用場。

相信「船到橋頭自然直」

當人真心渴望某個東西的時候，只要認真努力地行動，就會有人伸出援手，或碰上某種巧合，感覺一切都會船到橋頭自然直。不過，我也知道有些人認為未必如此。

重點在於「這是自己真正希望的嗎？」、「自己有認真行動嗎？」（請參照168頁「關於純度」）。

我堅信，這個世界不會棄真正認真的人於不顧。只要真心希望成為專職畫家，並認真付諸行動，就能成為專職畫家。另一個重點是，不要考慮「當下的得失」。

為什麼學校不教靠畫畫為生的方法？

經常有人問我：「為什麼學校不教靠畫畫為生的方法？」

我想到兩個原因。

1. 學校老師自己也不是靠畫畫為生的。

我想很多學校老師也是一邊教課，一邊進行創作，以一到兩年一次的頻率舉辦個展。即便「想要教學生成為專職畫家，靠畫畫為生的方法」，也因為自己沒有體驗過而難以實現。

2. 有些人認為最重要的是追求美，而「販賣」是一種玷汙。

如今依然有些人抱持接近「清貧」的想法，認為金錢與對美的追求是不可兼得的。他們擔心，若是以販售畫作為目的，畫作的品質會降低，但其實並不會。江戶時代的繪師和大正時代的畫家也是日復一日地努力，為了讓委託人滿意而費盡巧思，靠著販售畫作換取生活食糧。畫得愈多，技術就會變得愈精湛，照理說應該能夠實現對於真正的美的追求才是。

我並不是在否定學校老師。但是我想讓學生知道，「老師能教的事情」有限。

我在高中學到的事

我在高中學到了「靠自己發現」這件事。

由於我想要進入美術大學就讀，所以上高中後，馬上就去找教美術的越田博文老師商量。「是不是去報名繪畫班學畫畫比較好？」我問越田老師，而老師明確地答道：「只要放學後在學校畫素描就好了。」

老師告訴我需要準備哪些工具後，我便開始在每天放學後去美術教室畫素描，但是技術始終沒辦法提升（老師只有教我一點點，幾乎算是沒有教）。隨著時間流逝，到了高二的春天，畫技依然沒有明顯的變化，我不禁心想：「自己的畫技什麼時候才會進步呢？」

在高三夏季的某一天，我突然有一種「掌握了什麼」的感覺，開始能夠以非常快的速度畫出品質還不錯的畫。這件事在我心裡留下了「終於脫胎換骨」的印象。我的畫技一下子提升許多，開始能夠充滿自信地作畫了。後來也大膽運用自己發現的繪畫方法去挑戰大學入學考。

至今，我仍然很重視「靠自己發現」這件事。要是沒有高中越田老師的那句話，就沒有現在獨立活動的我，因此我常常想起這件事，並對此抱持感謝。

雖然我認為「素描力」不是必要的，但是現在回頭看這幅畫，便覺得當時的呈現方式已經「很有說服力」了。

□錢不夠用
□有一大筆財富
明明只是想專注於追求美，
最後卻還是被錢綁住，你有
沒有這種感覺呢？

〔地之章〕

關於錢

想要專注於追求美，就要先解決錢的事情，
我認為這一點非常重要。
我希望各位能確實打好基礎，
堅定地展開高純度的美術活動。
如果你獲得了一大筆錢，請把錢當成空氣，
不要去在意它。

I 為了持續作畫——必要的基礎與概念

1 打造作畫的環境

在學生時期，學校會為我們準備作畫的空間，但是畢業之後就得自己準備創作空間，在收入較少的時候，打造作畫空間是很不容易的。我也有過同樣的經歷。

為了學習待人處事之道，我成了上班族，入住公司宿舍，每天晚上都在那間只有六疊（註：一疊指一張榻榻米的大小，為九十×一八〇公分。）大、附一張床的套房裡畫畫。因為沒辦法畫學生時期畫的那種三張榻榻米大小的大型畫作，所以我開始畫能夠在這個套房裡作畫的小尺寸（10～30號）畫作（30號大概是報紙攤開來的大小）。

兩年後我結了婚，要租房子的時候，便將有多出一間六疊大的房間設為搜索物件的條件。

正在製作高砂神社能舞台的松樹。十疊大小的畫室裡堆滿了木板，家中洋溢著檜木香。

新婚期間，我就在那間六疊大的房間裡畫50號到100號左右的作品。這個房間照明是充滿情調的黃色燈光，讓我沒辦法精準辨識色彩，但當時的我並不怎麼在意，持續在這裡作畫。

婚後不久，我就開始物色中古屋，打算買房。由於我的父母是自營工作者，所以我自然知道沒有上班族身分會很難申請房屋貸款。我以附店鋪住宅為中心，花了大約六個月看房之後，很幸運地找到了一間在預算內、屋齡十年的附店鋪住宅，於是便申請貸款買了下來。好在我當時有買下這間中古屋。

這個時期（二〇〇〇年前後）日本經濟相當不景氣，因此在購屋交涉的時候我也非常頑強地殺價。買下房子後，我將店鋪部分重新裝潢，弄成了一間約十疊大的畫室。而房貸的部分，在省吃儉用下用了大約八年的時間全部還清。

準備住宅和畫室這件事情繁瑣無趣，很多人都會一直往後拖延，但這是支持你往後畫家生涯的基盤，所以建議趁早著手。

實際上，我在四十二歲接到製作能舞台的鏡板之松（高約三公尺，寬約六公尺）的委託時，就是在這間十疊大小的畫室繪製作品的。運到家裡的檜木木材堆滿了畫室，要是這間畫室的空間窄了三十公分，就沒辦法畫了。空間剛好能夠容納，真的很幸運。

或許有些人會覺得，手上沒有一桶金要買房很困難，但是京都周邊時不時會出現總價數百萬日圓的小坪數老房。即便不住都會區，有些地區交通也很便捷。何不抓個預算，試著找找看適合自己的物件呢？

找住宅和畫室的時候，一定要確認是否能夠搬入、搬出大型畫作。在看中古屋時，我曾經看到一個房間很寬敞的物件，但是礙於玄關門的尺寸太小，而且要走去預計規劃為畫室的房間，得經過一條直角轉彎的走廊，難以搬運大型畫作，於是便放棄了。

2 關於結婚生子

在「討論會」上，不分男女都曾談過結婚生子等人生規劃的話題。原因在於，大家對於難以兼顧作畫感到不安，還有能商量的對象很少。

就我自己的經驗而言，結婚要面對很多困難，以及在新婚期間，夫妻之間總是在進行精神上或生活習慣上的領地爭奪戰，生活經常陷入「亂七八糟」的狀態。但是，考量到結婚生子的生活所帶來的體驗和刺激，可以提升夫妻兩人的素養，就覺得想結婚的時候就結婚，生個小孩也不錯。

有些人說，等自己存到錢、生活穩定下來之後想要結婚，但是說到底，當你在考慮「存到錢之後」或「生活穩定下來之後」這些問題的時候，又是幾年過去了呢？而且還會產生新的疑問，比如說靠畫畫過日子有穩定可言嗎？

在「亂七八糟」的生活中誕生的作品，就是你的人生寫照。

對於你而言，那會是一個純度非常高的作品。若是有人喜愛、欣賞那種作品，那個人肯定會成為你的重要粉絲。

就算艱苦，就算不完美，人生中的每個場面都是有價值的。

3 畢業後的出路選擇

如果想要一畢業就當畫家的話，有三個條路可以走。

① 專心畫畫，目標成為專職畫家。

② 同時打工或當講師，以兼職的形式畫畫。

③ 去公司上班，利用晚上和假日畫畫。

從朋友和熟人（包含年輕世代）的案例來看，選擇②或③的人比較多。但是，為了自立門戶、靠畫畫生活，我覺得選擇①或③比較好。

為什麼比較不推薦②呢？乍看之下，這個選項比較有機會在自由度和金錢之間取得平衡，然而實際上，這個選項在時間、金錢和心靈方面都存在很大的問題。

・雖然是打工，但交通和事前準備等事務意外地會限制住你的時間。
・打工的收入不高，所以很難存到錢（沒辦法存到足以供自己挑戰自立門戶的資金）。
・由於在社會上的立場較弱勢，會身處難以提升心態、素養、氣魄這些方面的環境。

而且，我至今為止結識的好幾位企畫畫廊的老闆都這麼說：「在決定要不要讓創作者在自己的畫廊展示作品時，我只會選專職創作者。」他們告訴我的理由是「因為認真程度不一樣」。

素養也會因為結識的人而成長

● 某次我參加了某企業主辦的餐敘

參與成員有職業運動員、文化和工藝方面的專業人士、政治相關人士

→ 而且對話內容也很高品質 ➡ **我覺得這很不講理！**

思考溫情、同理、老實、敏銳度、核心、多工性、未來

・素養好的人們互相交流高品質的思想

差距只會愈拉愈大

我學到的事情

・要好好睜大眼睛（像是用眼睛呼吸空氣一樣）
・不要轉肩膀
・要稍微駝背

讓自己處在能夠互相提升的環境裡的重要性

無論是畫廊老闆，還是想要買畫的人，都很有看人的眼光。所以努力提升自己的素養，對創作者來說是非常重要的。而打工和講師的工作很難提升這項能力，這就是最大的問題。

如果你是認真想要過上「作畫生活」，除了作品以外，也建議多多面對自己的素養和內心深處的本質。至於我是怎麼做的呢？我在八年的上班族期間，學習了待人處事之道，打造了作畫環境的基礎，一步一腳印地累積個展次數，到三十歲辭去上班族工作的時候，雖然還是基層員工，但我覺得自己已經擁有了不少的動力。

三十歲開始往專職畫家之路邁進，運用在過去打好的基礎上培養出來的素養

和資金，全力以赴地作畫，加速活動的進展。現在回頭看三十歲的自己，不禁覺得明明還沒繳完房貸，真虧自己有辦法下定決心辭掉工作啊。

創作在當時的生活中能創作出來的作品

工作、結婚、育兒等等，每個人都在不同的環境下生活。畫畫的環境也各有不同。有些人會說：「工作太忙碌，一天只有一小時的自由時間，根本沒辦法畫畫。」遇到這種情況，我會對他說：「請開發出可以在一小時內畫出來的作品。」

此外，也有人會說：「現在住的地方太小，沒辦法畫大型畫作。」我會建議他：「要不要嘗試看看能夠在那個房間繪製的畫，可以的話盡量小一點？」

自己的作畫環境要靠自己打造，但是剛開始的時候，難免要在不完善的環境下作畫。我認為，仔細琢磨在你當下的生活中「做得到的表現」是最重要的。有可能會因此開發出意料之外的表現和活動方式，而這是在那種刻苦的環境下才能孕育出來的。相信那些巧思會讓作品和創作者昇華到新的層次，孕育出全新的魅力和價值。

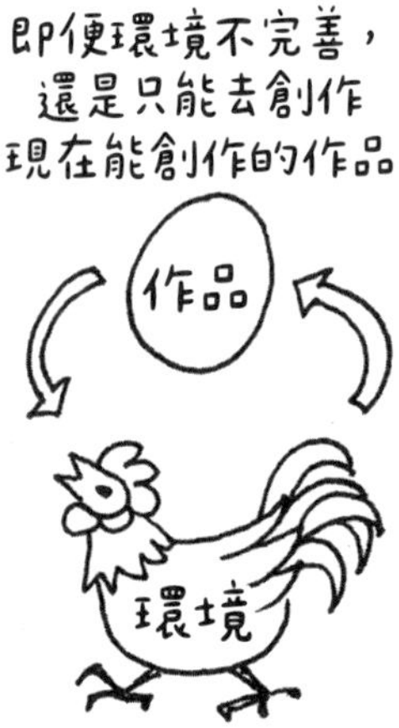

畢業後的活動方向性

對畢業生和剛開始活動的人來說，活動方向性也是很重要的問題。主要有三種類型。

・在美術團體公募展上展出作品的類型（Ⓐ）創作美術館用的150號大型作品需要花費不少力氣。此外，由於在販賣經驗還較少的情況下展開活動，進步感相對容易得到好評。

・舉辦個展，同時進行販賣活動的類型（Ⓑ）價格時高時低，有時賣得出去，有時賣不出去，但是能透過結識客人來推進活動。另一方面，這種類型通常比較不易獲得外界認可。

・主要在團體展展出作品的類型（Ⓒ）單價較低，或是有廉價感。有時候，若是變得像是追求親民感的普通插畫家或手工藝術家，就會令人難以理解創作者的美術價值觀。

如果你的目標是靠創作活動為生，那我推薦Ⓑ。另外，這些活動選項並不是只能單選，也可以混搭「Ⓐ與Ⓑ」或「Ⓑ與Ⓒ」。重點是要包含Ⓑ方向。

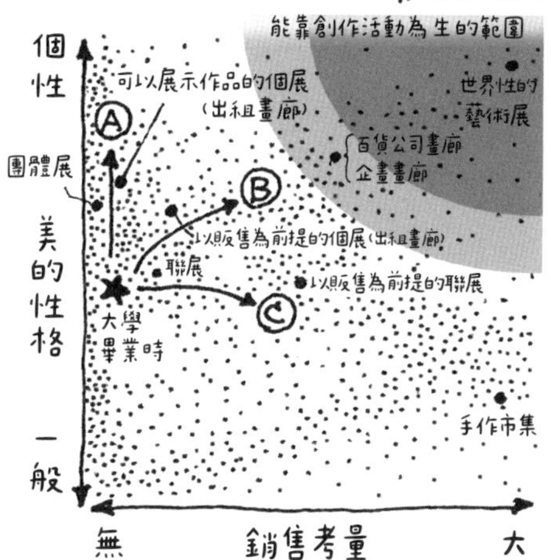

我的不安

接下來，要來稍微談談我從公司辭職後感到的不安。

我並不是完全沒有遭遇問題，就得以加速發展專職畫家的活動，一路走來跨越了許多障礙，而其中最難解決的還是「心靈的問題」。

在下定決心辭職那年，八月和十二月沒有獎金可領（註：日本公司每年通常會發放兩次獎金，分別是八月的夏季獎金，以及十二月的冬季獎金。），月收入也不穩定，這些事對我來說非常恐怖。雖然理智上知道這是理所當然的事，但是猛烈的不安感不時會襲上心頭。因此，為了保持心靈的安定，我在便利商店打工了半年（夜班／每週約三天）。這半年來，我也轉變為自營業的心態，終於能夠投入收入不穩定的創作與發表活動。

我心裡還有另一股不安。每年到了十二月，我都會滿心感謝地想著「這一年也得到了許多人的支持」，但是當跨完年，進入一月時，就會馬上開始不安地擔憂「今年還能順利度過嗎？」雖然到了二月左右這股不安就會逐漸消失，但是這種「一月不安」每年都會出現，直到我四十歲左右才消停。

4 如何度過金錢匱乏的生活

「即便物質生活匱乏，也絕對不能讓自己的心靈有所匱乏。」這一點非常重要。想要與路過順道進來看展並買畫的人、欣賞畫作和創作活動的人加深交流，就要保持自己心靈的豐富度，盡可能地提升自我，這一點是很重要的。在剛自立門戶的三十歲到三十三歲左右，我的經濟狀況很拮据。即使是在這段期間，我也在個展上遇到了許多支援自己活動的人。時至今日我依然與其中大部分的人保持著交流。這種客人都很重視創作者。然而，要是創作者的心靈變得匱乏，就無法產生更豐富的文化交流。如此一來，客人肯定也會覺得很可惜。

對我來說，能夠有效保持心靈豐富度的方法，就是每天感謝各種事物，或是從日常生活中發現微小的美。即便如此，因經濟拮据而產生的恐懼還是會每天襲上我的心頭。於是，我為了避免心靈匱乏，購買了高級的餐具。咖哩飯ＣＰ值高，所以我常吃咖哩飯當晚餐，不過我會將

它盛在一萬日圓的咖哩盤上，用二萬五千日圓的純銀湯匙享用。雖然夫妻兩人的份加起來，這組盤子和湯匙花了我七萬日圓，但是我把這當作對未來的投資，削減其他方面的生活費買了下來。多虧如此，就算每天吃咖哩飯，也很神奇地不會產生匱乏感。大腦其實挺好騙的。

要壓低生活費，不亂花錢、該放手的東西（車子或保險）就放手，這些事情都是最基本一定要做的。不過，光是控制自己不亂花錢的話，心靈很容易感到匱乏，要多加注意。

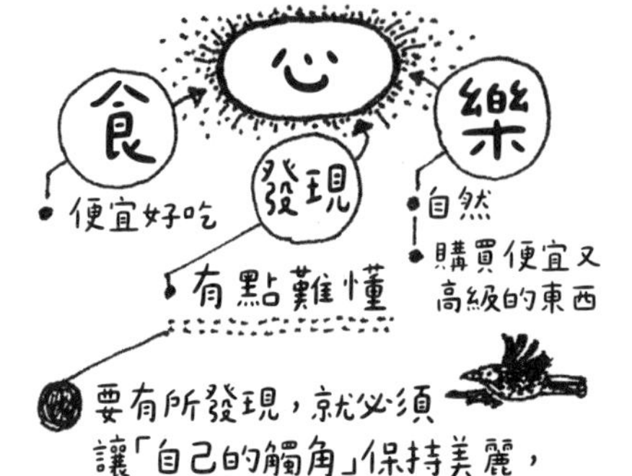

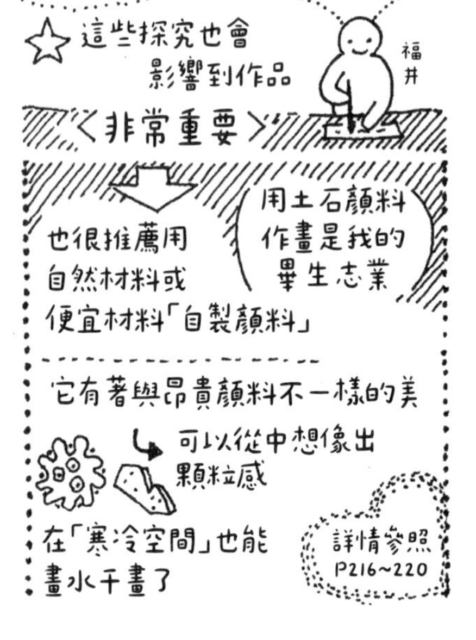

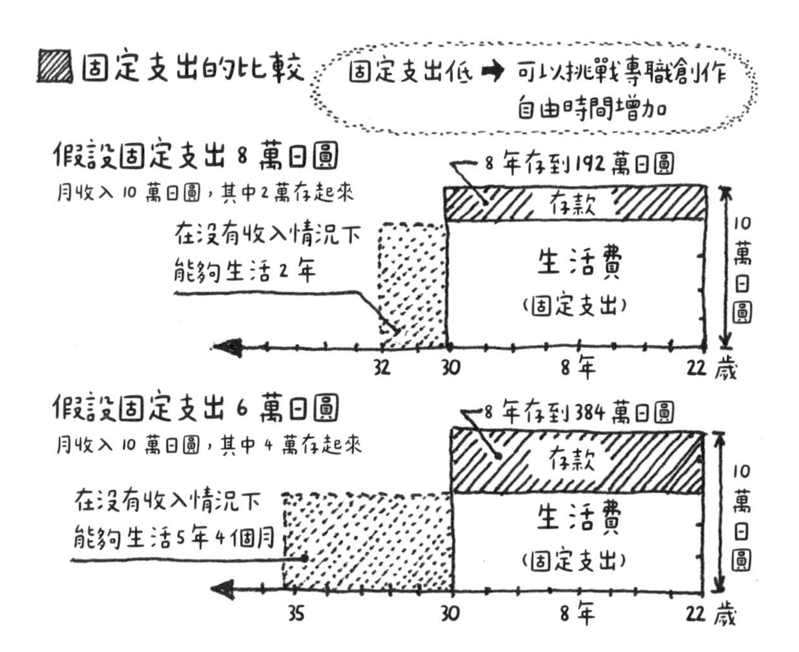

5 如何節省固定支出

在日常生活中一定要支出的生活費就稱為固定支出。主要包含基本的餐費、治裝費、通信費、住宅費、人壽保險費等各式各樣的費用，根據每個人的生活模式金額也會有所不同。以我來說，在二十幾歲當上班族的期間，也有盡力壓低固定支出，並且一開始就選擇不保壽險。雖然聽起來很小氣、斤斤計較，但是這筆固定支出的差距是很大的。

如上圖，假設生活費有十萬日圓，花費八萬日圓的人和花費六萬日圓的人，到了三十歲時存款的金額會相差兩倍。此外，假設三十歲之後沒有收入，可以維持生活的時間多了約一．五倍以上。

如果把六萬日圓的固定支出進一步壓低到五萬日圓，就算沒有收入，也可以生活八年。

這裡的關鍵在於，沒有收入也能生活的時間，就等於你可以挑戰專職創作生活的時間。

當然，能挑戰的時間愈長，達成靠專職創作為生這個目標的可能性就愈高。

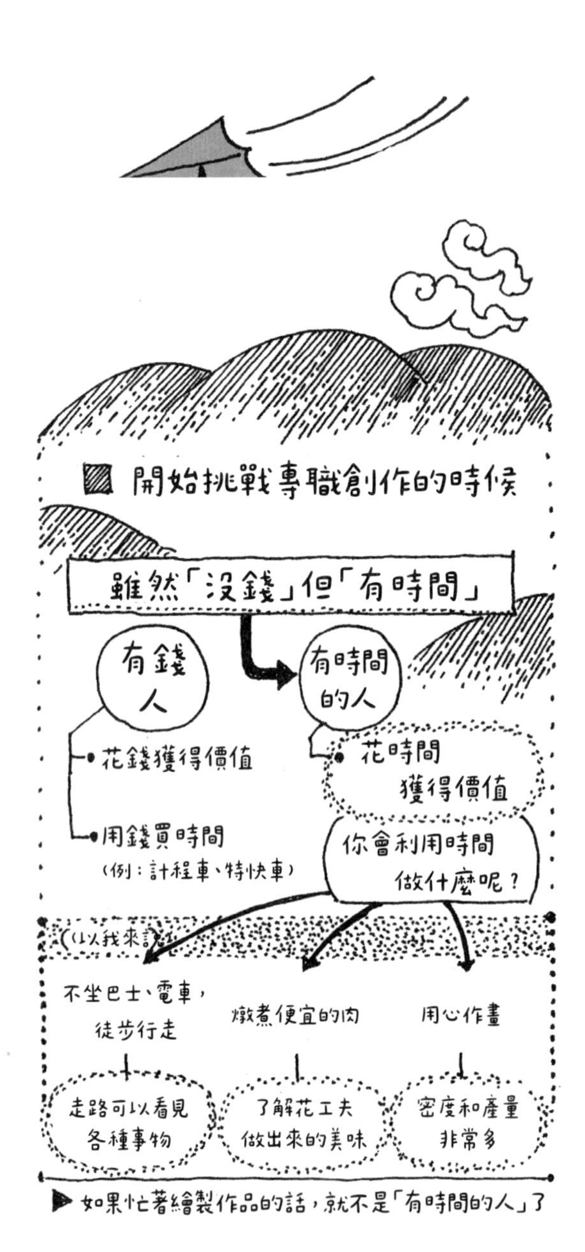

調味料用貴一點的沒關係

為了壓低生活費，我都選購非常便宜的米，並不是很好吃。因為平常吃得沒那麼好，所以在外用餐時吃到好吃的米飯，就會為其美味而感動。但是，我會選購昂貴又美味的調味料（鹽、醬油、醋、砂糖）。由於調味料並不會一次用光，就算買了比普通醬油貴上好幾倍的高級醬油，一餐份的醬油花費其實也沒多少。只要多花那一點點成本，食物就會變美味。

即便昂貴，我也會選擇自己喜歡的調味料，如此一來，就能讓平常吃的食物變好吃，有助於保持心靈的餘裕和豐足。

關於吃草、關於各種挑戰

關於如何積極享受經濟拮据的生活，還有一件事要和大家分享。在控制餐費時容易遇到問題的部分，是會根據時節漲價的蔬菜。為了因應這種狀況，三十歲過後，我在家裡種植小松菜，有時候還會從羽治川沿岸採「鴨跖草」回家煮來吃。

為了延長小松菜的收穫期間，我不會把它連根拔起，只會取其葉片，或是摘取旁邊冒出來的芽，在這些小地方費了點心思。「鴨跖草」嘗起來很像空心菜或小松菜，非常好吃。現在陽台上也有種，偶爾會摘來吃。

普通的小松菜
長大後
我們會不斷收成從葉片之間冒出來的側芽

II 關於陌生人購買自己作品這件事

1 陌生人來購買自己的作品並不是什麼稀奇的事

雖然也有些創作者覺得有陌生人來購買自己的畫作是理所當然的，但令人意外的是，實際上很多創作者都認為只有自己人、朋友、熟人這些與創作者本人關係親近的人才會購買自己的作品（因此我要從最根本的部分開始說明）。

第一次有路過進來看展的人購買我的畫作，是在我第四次於京都辦展的時候（二十七歲）。一名目標當上美容師的年輕女子，分期付款買下了七萬日圓的木板畫。我非常開心，同時也認知到「原來陌生人也會購

杉木板 W177cm「與天空」黃鶯

透過櫥窗欣賞作品的路人

「Gallery F」1998年。這個時期作品的展示位置比現在高一點。

買我的畫作」這件事。此外，那位在一年半前的個展上結識的人，就是為了買畫來看展的，這是一件令人開心的事，也是一個新發現。

第六次在京都辦展時，賣畫的金額超越了場地費，首度轉虧為盈（如果不考慮自己所花的時間的話）。若是能夠用路過的陌生人買畫賺得的收入支付場地費等費用的話，舉辦愈多個展，就能賺愈多錢，然後就會覺得自己的創作活動有辦法持續下去。我想，這份心情就是我現在於許多地區舉辦許多個展的活動模式的動力來源。

當舉辦個展的次數多了，就會遇到第一次來看展就購買作品的人，以及上次或上上次來看過展，這次看到導覽卡而前來買畫的人（這件事發生在「Gallery F」，一間位於京都的商店街、面向道路的出租畫廊。那時候結下的緣分，至今依然支持著我的活動）。

將第一次賣出去的畫作交給對方時

第一次賣出去的畫作，是由我親自送到買家住家附近的，而我還記得當時自己非常悲傷。雖然也非常感謝有人願意購買自己的作品，但當下我感覺就像要割下自己身體的一部分送給別人一樣。直到第三次賣出作品時，才開始不會產生這種心情。

不要邀請親屬和朋友來個展的原因

我不會邀請親屬和朋友來自己的個展。

因為個展是結識陌生人的場合，也是與這些人加深緣分的場合，並不是同學會。我去參觀別人的作品展時，經常看到與一群朋友開心聊天的創作者。就算我覺得那個人的作品很棒，想要買下來，也很難開口搭話，有時候便會因此作罷。

用另一種觀點來看，作品也是幫助你結識陌生人的工具。至今為止，我看過不少創作者的親戚會購買作品以表支持，但就結果而言，這種行為可以算是奪走了重要的工具，剝奪了那位創作者與陌生人結識的機會。

希望大家好好珍惜新的緣分，以及實質上的銷售。

2 好好珍惜購買自己作品的人

「只要有一場個展盈利，就可以靠那筆錢舉辦下一場個展。」

我就是像這樣一點一點地提高舉辦個展的頻率，從一年半一次，到一年一次，再變成一年兩次（會變成一年舉辦兩次個展，是因為我開始挑戰專職畫家生活）。

當個展的次數變多，賣出畫作的經驗增加後，我發現客人要購買作品時，會有一種行動模式。

一名路人在畫廊前停下腳步，隔著櫥窗凝視作品，然後走進畫廊。他仔細欣賞每一幅作品，我向他說明畫作和我的活動背景，他也表示很有共鳴。當時感覺有一種「他或許會買下作品」的氛圍。

然而，他沒有購買任何作品，就離開了畫廊。

明明看起來很中意，為什麼沒有買呢？正當我這麼想的時候，過了幾天，那個人在展期中後段再次出現，並買下了一幅畫作。

翌年的個展，那個人也蒞臨了畫廊，他仔細欣賞作品，並以購買作品為前提，帶著「要選哪個好」的心情開心地觀賞，最後選了兩幅作品。

「那他第一次究竟是在猶豫什麼呢？」我在心裡想著。之後我也遇到好幾次同樣的模式，於

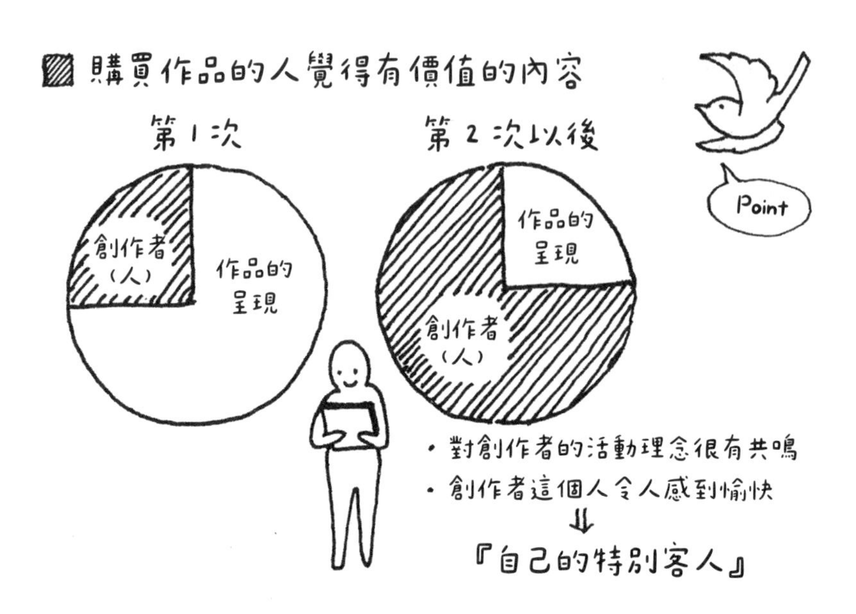

是得出了一個假說。

「第一次是選擇作品，第二次則是因為喜歡這個創作者，為了支持而購買。」

根據我的推測，第一次的時候，客人可能是在深思熟慮要不要把這個創作者的作品納入自己「喜歡的東西」之中。或許有點類似在思考要不要與人締結親密關係時的心情。第二次的時候，已經建立了一定的關係，於是就以購買為前提前來觀展，大概就像這樣。

這裡的關鍵在於，購買第二幅作品時，客人是因為喜歡這個創作者（人）而買。換句話說，「創作者也是商品」。

我想很多創作者都沒有這種概念。但是，身為創作者的自己也是商品，在曾買過一次自己作品的客人之中，也有些人會懷有「想

在創作者身上看到價值，或許是再理所當然不過的事

客人會好好珍惜作品，也會對創作者感到好奇。

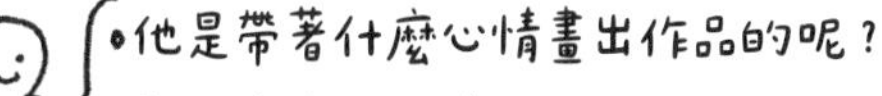

- 他是帶著什麼心情畫出作品的呢？
- 創作者在想什麼呢？
- 創作者是什麼樣的人？

就和你被一首歌所感動時，會想去聽那個藝人的其他歌曲是一樣的道理。

- 下次他會創作出什麼樣的作品呢？
- 想要更進一步了解創作者的背景

★客人和創作者之間只有作品。

創作者

客人

但是，客人會對創作者抱有信賴與期待，包含相識、交流在內，全都要好好珍惜。

更加認識創作者」的想法。這種時候，也可以看作是客人很信賴這位創作者。

我想，只要能發現待客的重點在於讓客人清楚理解創作者，就會想到該為此採取什麼樣的交流方式。

因為上述原因，創作者不在展場的個展或不待客的個展，可以說是「非常可惜的個展」、「很難賣出作品的個展」。

我認為這些「第二次購買自己作品的人」是「自己的特別客人」。在持續創作活動這件事情上，「創作者也是商品」和「自己的特別客人」都是非常重要的概念。

具體來說該如何應對客人等詳細內容收錄在「人之章」（請參閱P128「關於接待客人」、P150「目標是擁有三十名『自己的特別客人』」）。

III
為畫作定價的思考方式

1 基本思考方式——自己的畫作價格自己定

剛開始創作和展出的時候，會煩惱要如何設定自己作品的價格。

「因為還沒什麼資歷，所以就定在一萬日圓左右。」有些剛畢業的年輕作家會把自己的作品價格設定得非常廉價。而有些參加團體展的創作者也會說：「前輩的畫作價格是□□日圓，我的作品不能比他貴。」

但是，作品應該反映的是創作者表現出的「美」的價值，所以不該用比較或資歷深淺的想法來決定價格。因此我認為，以自己的想法或考量來決定自己作品的價格即可。

我想有很多人都認為「美」沒有理性的基準，我也是如此。但是，如果你想要專職創作，為了維持生活，應該會有個類似必要總金額的目標才是（詳情請參閱P66「為了為生而訂定的價格」）。

想像價格的妙方

無論如何都想像不出自己作品價格的時候，建議用下述方式思考。

將兩個以上自己的作品和其他創作者的作品（不是畫作也可以）擺在一起，讓他們「拚輸贏」，判斷哪一個比較有價值。舉例來說，可以在三萬日圓的陶器作品旁邊擺放自己的作品，如果覺得自己的畫作比較有魅力，就判斷「這幅畫作定價在三萬日圓以上可能也會有人買」。

當然，評價會因人而異，所以這終究只是一個參考而已，但我想應該能讓各位得到一些提示。

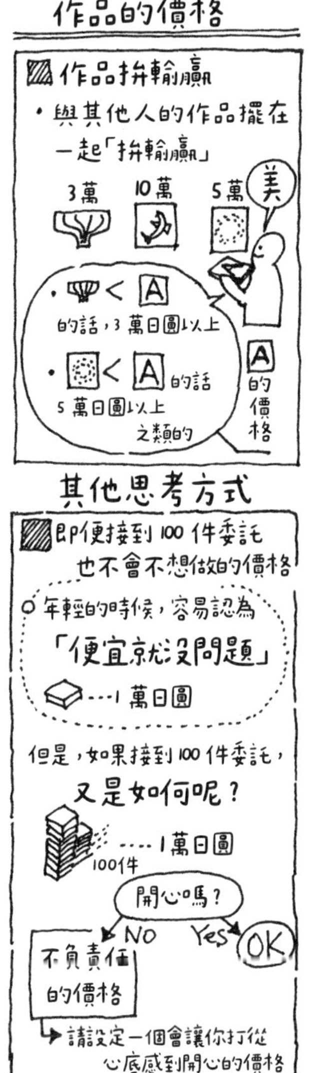

年輕的時候對錢經常沒什麼概念，因此從經驗上來看，用自己設想價格的一．五到三倍來定價，也還在合理範圍。我也在反省，自己二十幾歲到三十幾歲那段時間設定的價格過於低廉。雖然實際上我有慢慢提高自己畫作的價格，但當時真的太辛苦了。

②買家眼中的價格

提供選擇樂趣的價格

雖然買東西就是用金錢交換物品，但是我認為獲得物品和花錢這兩件事都會讓人感到快樂。

這裡想請各位從買家「花錢的樂趣」這個面向來思考價格。雖然很唐突，但我要用蛋糕店來舉例。

請你想像自己站在蛋糕店的櫥窗前，眼前擺著六種蛋糕。所有的蛋糕均一價，都是五百日圓，請你選擇蛋糕。有草莓奶油蛋糕、蒙布朗、外觀複雜的蛋糕……你會選哪一個呢？

要選擇一個蛋糕的時候，會依照蛋糕的內容選擇自

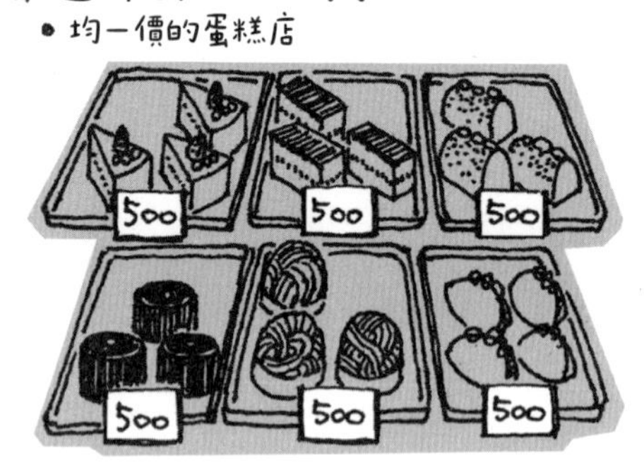

己喜歡的。這是很簡單的道理。

那麼，假設有六種蛋糕，其中兩個四百日圓，三個五百日圓，一個八百日圓。你會選擇哪一個呢？與均一價的時候相比，是不是更需要「動腦」呢？

我認為，愈需要「動腦」，買家就能從購物行為中獲得愈多樂趣。

「八百日圓的蛋糕為什麼會這麼貴呢？」

「該不會是用了高級的栗子吧？」

買家會像這樣一一去想像價格昂貴的理由。

更進一步地說，哪一間蛋糕店會讓你覺得他們對蛋糕充滿熱情呢？應該也會覺得「價格不一致」的那一間，有「熱愛蛋糕的甜點師」在裡面工作的可能性較高吧？

這裡雖然用蛋糕來舉例，但我認為買家會透過作品與價格這兩個資訊，產生各種想像，享受購物的樂趣。在個展等場合，可能會有人問你：「為什麼這幅作品比其他的作品貴？」遇到這種情況，只要仔細地向客人說明創作者對作品的想法以及創作背景即可。這是一個能讓對方更認識自己的機會。

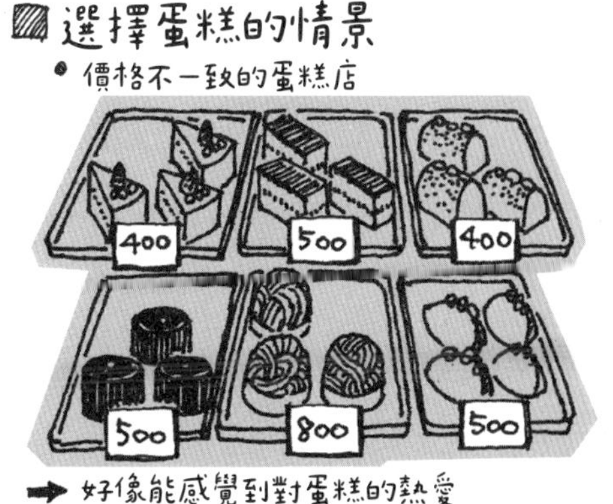

我認為，在思考價格的時候，考量到買家的樂趣也很重要。就像我們會覺得蛋糕價格不一致的蛋糕店對蛋糕比較有愛一樣，即便是同樣大小的畫作，我也會讓價格有高有低，不會設定成相同的價格。

用接近預算的價格買到作品的喜悅

假設有三幅相同大小、相同水準的作品，價格分別為八萬日圓、五萬日圓、三萬日圓。在大多數情況下，大家都認為三萬日圓的畫作會先被買走，但是實際情況有點不一樣。確實有時候三萬日圓的畫作會先被買走，但從我的實際經驗來看，五萬日圓或八萬日圓的畫作最先被買走的比例也相當高。

關於這種現象的成因，我認為可能是買家心中存在著類似「給那個人的預算」的概念，因此產生一種想要用預算上限的價格購買作品的心理。價格接近預算上限，客人的滿足度就會愈高。

「如果看到喜歡的作品，想要花個五萬日圓買下來。」預算為五萬日圓的人，雖然也可以選擇三萬日圓的畫作，但買下五萬日圓畫作的滿足感更大，如果對作品的喜歡程度差不多，就會想選五萬日圓的畫作（把自己想像成買家，會更容易理解）。

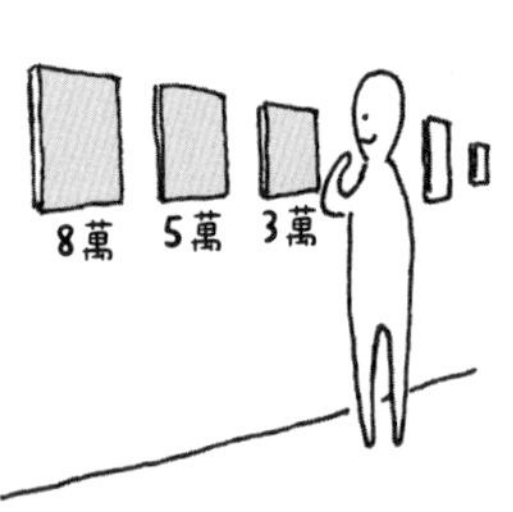

為了因應預算各不相同的人們，就算是同樣大小的作品，也要將價格設定得有高有低，這個方式很有效。

有必要重新審視號單價的思考方式

以現狀來說，大部分創作者的作品都是根據各自的號單價來決定價格的。

舉例來說，如果號單價為兩萬日圓，四號畫作就是八萬日圓，六號畫作就是十二萬日圓，依此類推（與畫作的內容及呈現沒什麼關係，大多都是固定的定價）。

我希望大家重新思考這一點。價值在於「美」的作品，為什麼要以量計價呢？

牛肉的每個部位價格都不一樣，蛋糕也不是根據重量來定價。因此，既然相同大小的畫作可以定為四萬日圓，那定為八萬日圓應該也是可以的。

如果寫得太過直接會引來批判，所以我只說到這裡，不過我認為畫作的定價方式還在持續開發中。當你以自己的定價方式舉辦個展時，或許會有人說你的定價不正常，但我建議你貫徹自己的想法。

肉類價格的想像圖

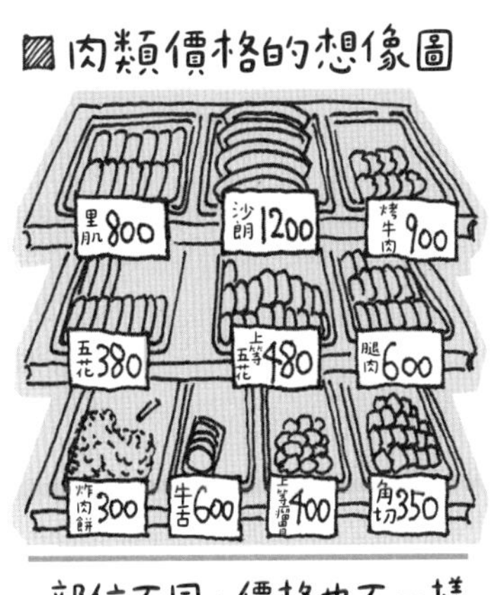

部位不同，價格也不一樣
這是理所當然的

1.2、3.5、5.5、8、12法則——客人的預算

從我販賣作品所得到的經驗來看，客人的預算分成好幾個階段。似乎有著一萬兩千、三萬五千、五萬五千、八萬、十二萬日圓這樣的分界。

得知這個資訊會有什麼幫助呢？當你在考量價格的差異性時，事先準備好這幾個階段的價格，讓更多人感到開心的可能性會比較高。

以日本酒來說，也有將普通和高級的兩個商品分別命名和定價為「想定內（意料之中）」一萬三千日圓，「想定外（意料之外）」三萬日圓的例子（株式會社耕的純米大吟釀）。

這種情況幾乎是專攻兩個階層，覺得三萬日圓太貴的人可以買一萬多日圓的酒；覺得貴的更好的人，則可以買三萬日圓的酒（讓客人感到開心和獲利是可以同時成立的）。

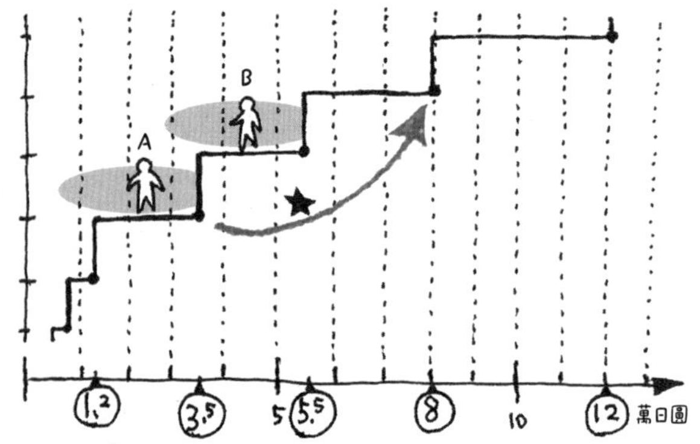

其實，還存在「想多出點錢的客人」

第二次購買作品的客人，是為了作品和人花錢。偶爾還會遇到說「我不需要作品，只是想贊助你」的人。我想我們可能需要構思一些方法，來應對這類特別熱情支持自己創作活動的人。

例如，某個群眾募資案建立了一種運作模式，贊助人可以自行決定支付超過回報所設定的金額以資助創作者，或選擇「無回報」的資助方案等。對創作者的活動深感共鳴的人「可以進一步贊助創作者」，是個很有意思的運作模式。

設定自己作品的價格時，請用更廣的視野，更自由、更輕鬆地思考。我想如此一來，就能夠用堅定的心態面對價格。

～關於作品價格～

試著購買自己喜歡的作品，搞不好會有許多新發現

我想要這個作品

「買作品要有志氣，
賣作品也要有志氣。」

一位重要的人曾這麼告訴我
（在30歲左右的時候）

3 販售價格的實績——在京都的路邊畫廊

我在京都舉辦個展的場地「Art Gallery 北野」位在屬於京都市中心的三條河原町，畫廊空間包括一樓和二樓，面朝許多觀光客會經過的三條通。它是出租畫廊，所以一整年都有許多創作者在這裡展示作品。有一萬日圓左右價格親民的作品，也有作品價格超過五十萬日圓的創作者在這裡展示，它就是一個這樣的空間。

為了讓各位更具體地感受實際的販賣價格，我獲得

京都三條河原町「Art Gallery 北野」
面向三條通，櫥窗約兩公尺寬，路過的行人可以清楚看見裡面的作品。我以一年兩次左右的頻率在此展出作品，結識了許多的人。

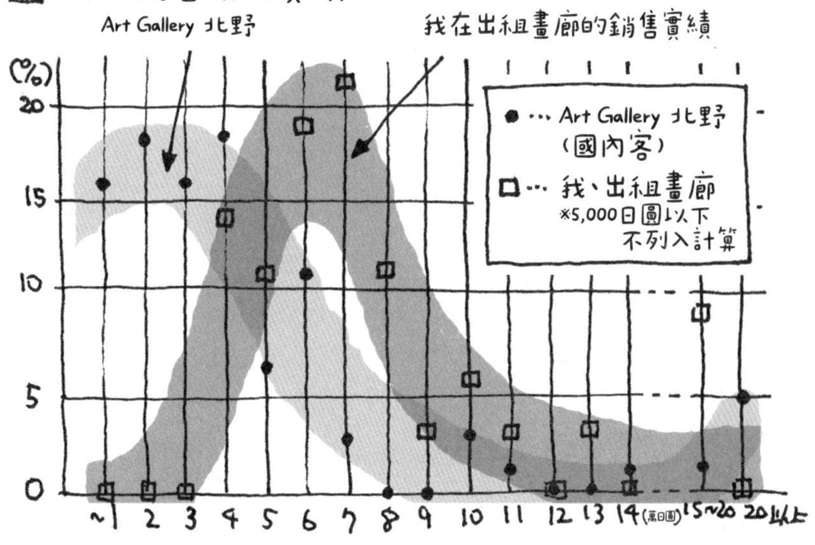

「Art Gallery 北野」的協助，請他們幫我統計了二〇一八年這一年來使用信用卡付款的銷售實績。雖然也有外國觀光客購買作品，但這次只統計國內的部分。他們告訴我，雖然這份資料與金錢直接相關，不太方便公開，不過如果能幫助到創作者的話，就破例一次吧。

以橫軸為價格，縱軸為占比，便形成了上面的圖表。

從結果來看，一萬到四萬日圓的作品銷售佔了整體的百分之六十八，四萬到六萬日圓的作品占了百分之十八，七萬日圓以上的比較少（百分之十四），由於也有展出平均單價約一萬日圓的工藝作品，與平面作品相較，有可能比較便宜。此外，在這裡展出作品的大多數創作者都不是靠創作為生的）。

我統計了自己同一年在出租畫廊（六個會場）的銷售實績，發現價格的高峰落在五萬到八萬日圓，占了整體的百分之五十二。而大部分的作品價格落在三萬五千到十萬日圓，占了整體的百分之九十。

此外還有另一項資訊，十五萬日圓以上的作品在「Art Gallery 北野」占百分之六，我的部分則占了百分之九。

根據展示作品和定價的不同，銷售價格的實績也會產生變化，雖然並非準確的資訊，但我想大家可以當成設定價格時的參考。

這裡我想請大家重新思考的是，作品的定價並非「一定要○○，否則賣不出去」，而是更自主、更自由的。應該是「你會遇見對你定價的作品產生共鳴的人」這種感覺。

另一個重點是，相較於在百貨公司或藝術博覽會上販售的作品價格帶，我的作品價格是相當便宜的。也就是說，即便落在這個價格帶上，我也能透過多舉辦個展，將總銷售額（收入）累積到足以支應生活的水準。

就我的經驗來看，從二〇一〇年左右開始在京都舉辦的個展上，造訪京都的外國觀光客購買作品的案例增加了。這個數量每年遞增，直到新冠疫情爆發之前，每次在京都的路邊畫廊舉辦個展的時候，都會有一到三組左右的外國人購買作品。我都是靠這些銷售額支付場地費。

從「Art Gallery 北野」的統計數據中也可以看出外國人占了將近四成。看到統計數據之後，我再次對其數量之多感到驚訝。

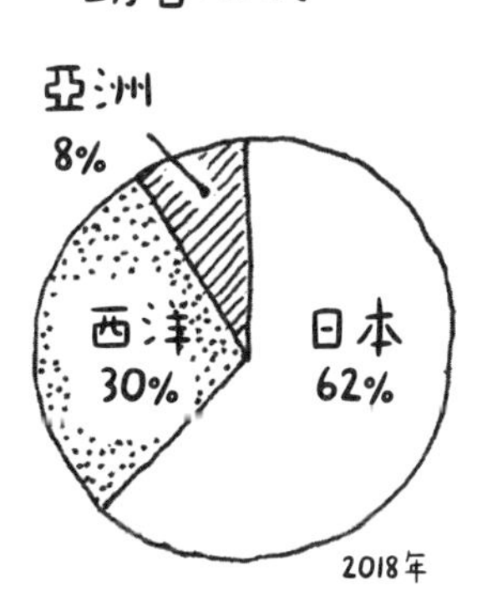

「五萬日圓說」之謎

三十歲左右時，我從身邊的畫廊和美術相關人士口中，聽到「能讓人第一次看到作品就買下來的價格，最高大概不會超過五萬日圓」這個說法。

然而，隨著我持續進行活動，有時候會遇到以更高價格買下作品的案例，於是我開始覺得這個「五萬日圓說」似乎與實際情況不符。隨著作品價格慢慢提高，我發現即便作品要價六萬到十五萬日圓，也有不少人會在第一次見到時就買下來。

藝術業界有很多「說法」，但是這些說法不一定符合每一個人的活動狀態，所以建議不要被那些說法局限住（請參閱Ｐ71「調漲畫作價格的時候」）。

4 為了生活所需而訂定的價格——「目標平均價格」的概念

接下來要談談我是如何思考為了靠畫畫生活而訂定的作品價格。

這是在我舉辦了十五次左右的個展時，憑感覺得出的足以供自己繼續活動的作品價格，這很難用言語表達，但我還是試著統整出了專職活動所需的「目標平均價格」思考方式。步驟如下。

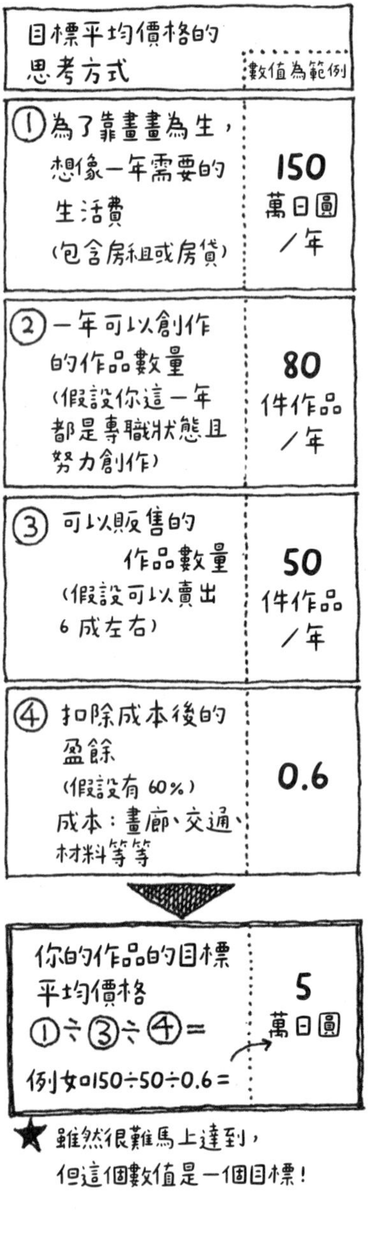

目標平均價格的思考方式	數值為範例
①為了靠畫畫為生，想像一年需要的生活費（包含房租或房貸）	150 萬日圓／年
②一年可以創作的作品數量（假設你這一年都是專職狀態且努力創作）	80 件作品／年
③可以販售的作品數量（假設可以賣出6成左右）	50 件作品／年
④扣除成本後的盈餘（假設有60%）成本：畫廊、交通、材料等等	0.6
你的作品的目標平均價格 ①÷③÷④＝ 例如150÷50÷0.6＝	5 萬日圓

★雖然很難馬上達到，但這個數值是一個目標！

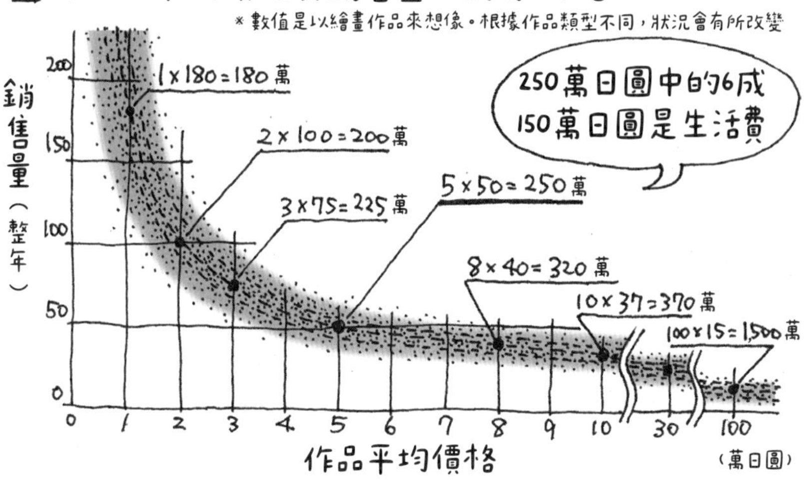

將作品價格和作品銷售量的關係製作成圖表，呈現如上圖。

價格昂貴的銷售量較少，便宜的銷售量較多。然而，即便價格便宜，銷售量也沒有增加太多，整體看下來銷售額感覺還比較少。

一整年認真努力，舉辦展覽，你覺得可以賺到多少錢呢？

假設像剛才的範例一樣，要在一年賺到一百五十萬日圓的生活費，就必須以平均五萬日圓的價格賣出五十個作品。在這樣的情況下，一整年的銷售額會是兩百五十萬日圓，假設扣除場地費等成本後，留下來的盈餘約有六成，年收入就會是一百五十萬日圓，勉強可以維持生活。

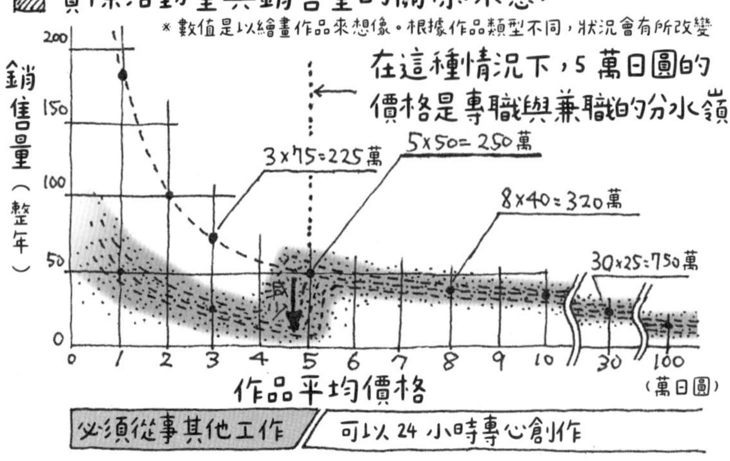

如果採用這種思考方式，那麼能夠專職創作的分歧點，就是賣出五十件五萬日圓的作品。要是平均價格低於五萬日圓，或是銷售量不到五十件，就很難靠專職創作為生。

五萬日圓這個價格，可以說是區分專職與兼職的分水嶺。訂定目標平均價格時若是要保險一點，抓個五萬到六萬日圓會比較妥當。

要多加注意的是，如果銷售額不足以支應你的生活費，就必須從事其他工作，沒辦法專心致志在創作上。同時，創作的時間會減少，能創作的作品數量我想也會一口氣減少許多。在這樣的情況下，很有可能會陷入銷售額進一步減少，必須增加其他的工作的惡性循環。

我最近這一年來在個展上販售的作品平均價格大約是八萬日圓。為了察覺自己活動上的大方向變化或傾向，我都會不時確認銷售實績。

雖然平均價格是八萬日圓，也不代表八萬日圓的作品賣得比較好，而是賣出去的作品價格落在三到二十萬日圓這個寬廣的區間，平均下來是八萬日圓。

請參考以能夠支應生活開銷為前提的作品定價方式，試著設定你的作品價格吧。

就算一次個展的銷售額只有 40 萬日圓，也可以多辦幾次個展，達到足以為生的總銷售額！

① 在出租畫廊辦展銷售額為 40 萬日圓

盈餘 25～30 萬日圓 ｜ 場地費 10～15 萬日圓

→ 只有 25～30 萬日圓的話，沒辦法維持一整年的生活

② 在許多城市的出租畫廊辦展，平均銷售額為 40 萬日圓

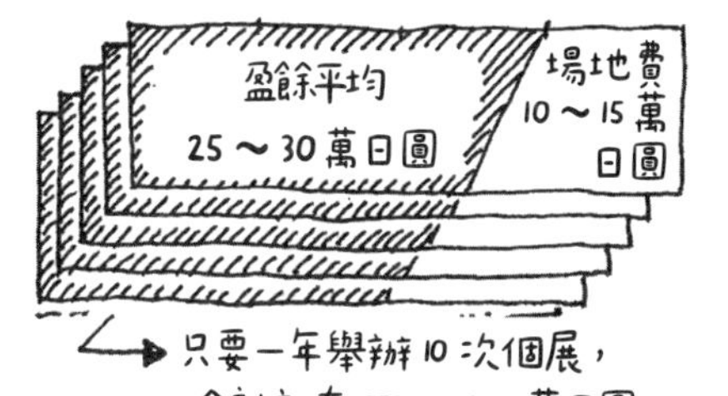

→ 只要一年舉辦 10 次個展，合計就有 250～300 萬日圓

足以為生

還能透過許多結下的緣分接到各種委託，拓展創作活動

背後的原因是，在陌生的城市裡，有陌生人來購買自己作品的信念・自信▶實績

（道理簡單但很難做到）

平均 8 萬日圓的示意圖
（某次個展的銷售範例）

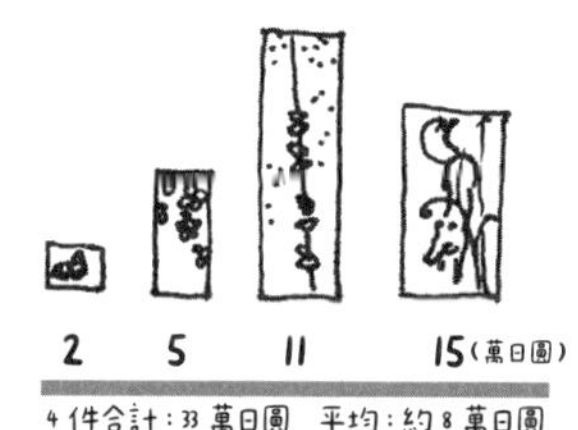

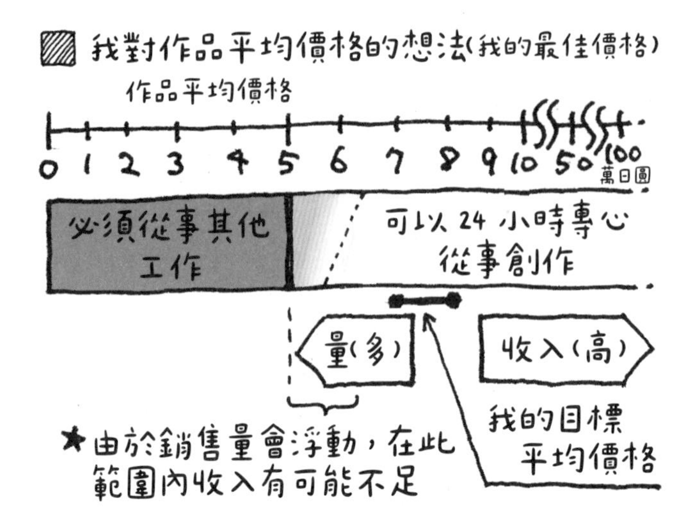

我的最佳價格

由於我的目標是讓更多自己的作品擴散到日本全國各地，所以確保了可以24小時專心創作的水準後，我將「我的最佳價格」設定得相對較便宜。

因為在專心創作的基礎上，這種狀態能夠賣出更多的作品。我不是不想賺更多的錢，只是就像本書開頭說的一樣，我的目標是成為「支撐未來人文化力的一顆小石子」，因此才以側重作品數量和擴散度的價格進行創作活動。

調漲畫作價格的時候

我的畫作是畫在木板上的，因此形狀不規則，不過我會搭配圖畫說明。

在我三十歲前的個展上，作品價格都是高二十五公分、長一百八十公分左右的木板畫七萬日圓，其一半大小的木板畫三萬八千日圓。從那時起，我就覺得定價好像有點太低廉，於是在已開始挑戰專職創作的三十五歲前後，我在個展上將長九十公分的畫作價格提高到八萬日圓。

之後我也一點一點慢慢調漲價格。只要那個尺寸的畫作順利賣出，我就會把相同尺寸的畫作價格調漲五千日圓到一萬日圓，在下次的個展上展出。

於是，在四十三歲時，長六十公分左右的作品提升到了八萬日圓，四十八歲的時候，已經可以將相同尺寸的作品設定成十五萬日圓左右了。

過程中，雖然也有感覺到隨著價格調漲，會失去客人的可能性，但我還是帶著某種勇氣，提高了價格。以結果來看，並沒有發生大量「失去客人」的狀況，幾年前就達到了現在的價格（我對現在的畫作價格非常滿意，所以最近已經不太調漲價格）。

調漲作品價格的來龍去脈（實際案例）

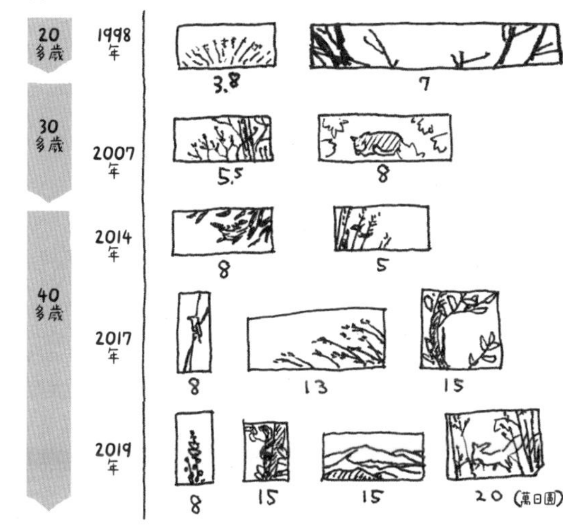

IV

■ ■ ■

讓自己更容易接到委託

我的名片

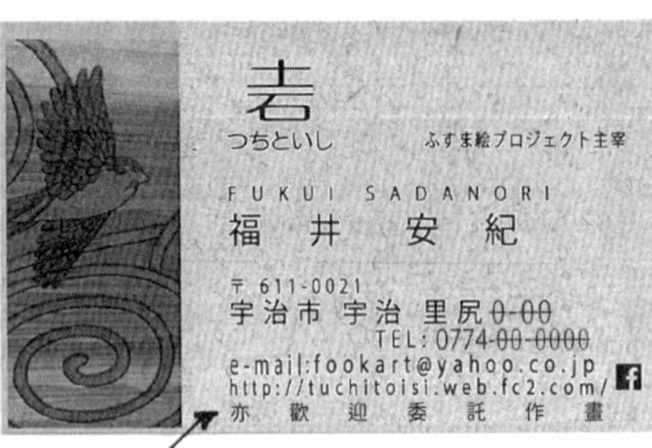

有人因為看到這句話而來委託我

1 接案創作的兩大重點

對創作者而言，創作作品是最基本的事情，但是現在很少人會接案創作。而我發現靠專職創作為生的創作者有一個共通點，就是「有在接案創作」。我覺得這件事顯示了除了在個展上販售作品以外，透過接案增加收入的重要性。

二十五歲以後，我在自己的名片上加入一行「亦歡迎委託作畫」的字樣。這一行字很有效果，我開始接到

接到的委託案例

• 尺寸剛好的畫作

• 在清酒的木箱上畫畫

（重要的人贈與的酒箱）

大大小小的委託，比如要我畫葫蘆、畫日本酒的木箱、製作一幅剛好可以填滿自家牆壁的畫、繪製放在全新建築物入口的壁畫等等。

在過去自己的個展中接到的委託案件比例，大概占了整體作品銷售量的二至三成。

「承接委託」這種活動模式的一大優勢，就是開放的態度會讓前來欣賞畫作的人很有好感，也有與第一次見面的人拉近心理距離的效果。這也會為個展上的作品銷售狀況帶來正面影響。

此外，我也有接過大型的委託案件。在二十五到三十歲這段期間，我接到的大型委託就是繪製全新建築物入口的壁畫。我以五十萬日圓的價碼接下委託，在這個時期算是一筆很大的金額。由於當時我還是上班族，所以利用早上、晚上、假日前往還在施工中的工地，花了十天左右完成。

此時尚未滿三十歲的我，完全想像不到在這個創作活動之後，還會接到繪製高砂神社能舞台的鏡板之松的委託。京都的神社拜殿御簾、福島的神社本埜御扉內側、埼玉的料亭宴會廳的壁畫、兵庫的祕佛如意輪觀世音菩薩的御前立（代替秘佛，放置在可見之處的佛像）木板畫、在神明用的御沓（註：日本古代在儀式上或皇宮中穿的鞋子。）上繪圖等等，這些委託讓我得到了非常寶貴的經驗。

讓自己更容易接到委託的要點只有兩個。

① 在名片、DM或官方網頁上明確標示「樂意承接委託」（也可以做成傳單）

② 與客人對話的時候，若無其事地告訴對方「我也可以承接委託喔。」

在委託案件完成後，把它當作工作案例告訴客人「我接受委託畫了這樣的東西」，有興趣的客人就會覺得「我也來委託好了」，藉此連繫到下一件委託（委託的畫作完成時，我會向委託人確認該作品是否能拍照或用來做宣傳）。

高砂神社　神遊殿（能舞台）鏡板之松（高砂市）

得到了對於一名畫家來說非常寶貴的機會，使用與高砂神社有淵源的土砂作畫。松葉的部分混合孔雀石和黑砂進行最後的調整，順利畫完作為神明依附之物的松樹，讓我鬆了一口氣。

從委託人視角來看，覺得「容易委託的人」

我試著站在委託人的立場思考了一下，怎麼樣的畫家會令人覺得能輕鬆提出委託。

我覺得如果對方是：

・值得信賴的人・令人感興趣的人・不會說「不」的人・知識和經驗豐富的人・讓人想支持的人，會讓客人想提出委託。

・與他待在一起很開心・不會說討厭的話，這些應該也是很重要的要素（這種時候不需要當「好人」，「坦誠相待」更加重要）。

如果是自己至今為止結識的畫家夥伴的話，我覺得自己會想拜託這樣的人做事：

・自制力強且大而化之的人・承認自身弱點的人・不會嫉妒別人和抱怨的人・企圖心強且高雅的人

此外，如果沒有明確標示或說明可以做哪些事情，就會不太想去委託那個人（無論如何，現在沒什麼人在談論關於「承接委託」這件事。而我覺得多花點心思或許就能增加接案機會，其中蘊藏著擴大活動的可能性）。

交貨後才收款

在舉辦個展時，如果有路過的人要購買畫作，大多數情況下身上都沒有帶著足夠的現金。而且，很多出租畫廊都無法使用信用卡交易。

承接委託的時候也一樣，遇到這種情況，我都會先將作品交給對方。我會將寫有匯款帳號的紙條與作品一起交給對方，只要過幾天有收到對方的匯款就行了。

有些畫家夥伴會擔心「如果對方沒有匯款怎麼辦」，不過我的創作活動原點是將作品這個「種子」散播到世間，所以在將作品交到對方手上的那一刻，首要目的就已經達成了。沒收到錢的話當然很遺憾，但是錢並不是我的首要目的。

而且至今為止，我已經先把作品交給對方超過一百次了，其中只有一次沒確實收到款項（那一次，不知道為什麼對方只匯了三萬日圓中的八千日圓）。

我認為最重要的是，自己信賴對方的態度。

不過，如果是來自公司行號等法人的大型委託（例如在飯店的客房作畫之類的），我都會和提出委託的公司簽約。因為我希望雙方先在金額會高達幾百萬日圓、工作要做到什麼程度這些前提上達成共識（一方面也是為了在接到追加工作的時候可以另外請款）。

風險高也是其中一個原因。由於必須事先安排出一段製作檔期，所以光是改時間，就有可能造成損失。

要是因為糾紛而讓自己的心靈崩潰，就會畫不出作品。所以我很注重降低心靈崩潰的可能性這件事（請參照170頁「關於心靈」）。

理解對方的意圖

承接委託的時候，一定要重視委託人的意圖。

困難的是，意圖的表達方式會根據委託人的不同而出現很大的差異。很少有委託人會用清楚明確的話語表達意圖，大部分的人都會用模糊曖昧的方式，或是繞圈子的方式表達。雖然我認為委託人的個性和地區等因素的影響很大，但感覺最主要的原因還是在於「對畫家有所顧慮」。我覺得委託人是照顧畫家的感受，心想「這種話也許不能說」，所以說的話才會不清不楚。

因此，我們要假設委託人每個細微的言行之中都隱含著意圖，積極地設法去理解。

我為了參透委託人的意圖所採取的行動，就是「哪個比較好法」。當你想了解委託人意圖的時候，就準備兩個案例，請他們做選擇，然後再詢問原因。要是兩個案例都與對方的意圖不符，也可以以這兩個案例為基礎，了解其中緣由。透過展示更加具體的方案，可以獲得更加深入理解委託人想法的線索。

此外還有一個重點，不是所有人都擅長不看實物、光憑想像思考。擅長與不擅長的領域是因人而異的（像我就不擅長閱讀文字）。

用二擇一的方式詢問意見

★ 對方之所以不表達意見

是因為沒有表達的線索

很多時候

作為線索的二擇一（A、B案）你選哪一個？

嗯～

客人

我應該會比較喜歡A 但要是再〇〇一點就好了

兩個都不喜歡 最重要的是〇〇

這就是我們要聽到的話！！

為了讓對方說出自己的意見，表現出自己認真的態度很重要

2 展開「隔扇畫企畫」

在不斷舉辦個展，一邊接委託案一邊進行創作的四十三歲到四十五歲這段期間，我得知了一個令人震驚的事實，那就是大部分的畫家夥伴都不是靠畫畫生活的。原來這些創作者認真作畫，作品也很有魅力，或是擁有在百貨公司及東京的畫廊辦過個展的經驗，卻無法光靠畫畫為生。

其中的原因是什麼？我認真地考察了背後原因之後，發現了兩個問題點。

① 舉辦個展的頻率低，建立的人脈少

② 接案的經驗和數量少

於是，我開始構思讓畫家更容易接到委託案的機制。

我試著拓展自己心中的「委託」這個概念，然後發現江戶時代的繪師都是靠專職繪畫為生這件再理所當然不過的事，於是開始思考，難道我們不能用和「江戶時代」繪師一樣的方法進行活動嗎？

在江戶時代相當受歡迎的文人畫家——池大雅（一七二三—一七七六）繪製屏風時所使用的顏料價格相當於現在的十萬到二十萬日圓，得知這件事後，我了解到，委託江戶時代的繪師作畫這件事，一定是比現代還要稀鬆平常。

於是，我便構思出了以和江戶時代同樣親民的價格快速繪製一幅隔扇畫的「隔扇畫企畫」。一開始，我將繪製一幅隔扇畫的價格設定在一萬兩千日圓（現在是含稅一萬八千七百日圓）。以現代繪畫業界的眼光來看，這是個超級廉價的企畫。首先，我製作了放有水墨畫的傳單，在各地的個展上向來場者說明我的想法，並將傳單發給他們。

大多數的現代人都認為「委託畫家作畫」是一件門檻極高的事，而我認為改變這些大多數人的意識是首要之務，因此持續傳達我的主張。

此外，想要委託畫家作畫的人也

「隔扇畫企畫」的傳單

為了讓更多人放心地委託，我製作了明確標示費用和時間的傳單。

〈守望白河城鎮的龍〉

用墨水繪製龍與小峰城，也畫出了那須連山、阿武隈川、南湖公園。
（製作時間2天，隔扇畫企畫，2018）

很難直接與畫家取得聯繫、詢問相關事項。於是我請在京都辦個展時關照過我的「Art Gallery 北野」擔任窗口，並請他們幫我架設了官方網站，開始了「隔扇畫企畫」這項共同企畫。

宣傳和官方網站發揮了效果，前來委託的客人慢慢地增加。如果這個企畫能夠順利進行，我打算邀請具備實力，但是自己的客人還比較少、接案機會較少的創作者成為夥伴，打造出一個類似繪師集團的團隊。目標是藉由幫助他們提升與客人互動、接待客人的技巧，讓更多創作者可以靠繪畫為生。

要是創作者能夠靠繪畫為生，經

位於會津若松的「鰻のえびや（第五代）」的隔扇畫
用一天畫出能從店鋪上空看見的磐梯山。
（墨一色，隔扇畫企畫，2020）

驗就會增加，畫技也會更上一層樓。我認為團隊成員變多，就會形成能互相切磋的環境，激發出更高階的呈現方式和高水準的美。

對畫家來說，承接委託通常會有壓力，也必須付出比畫自己作品多好幾倍的勞力，但是考量到能與委託人建立深刻的緣分，希望大家能將承接委託當成畫家這份工作的醍醐味，好好珍惜。為了增加團隊成員，讓更多創作者可以靠繪畫為生，我會繼續推動「隔扇畫企畫」。

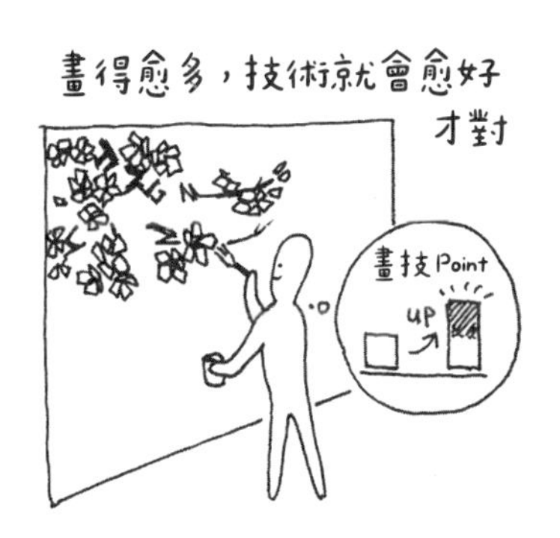

V

為了增加收入拓展活動

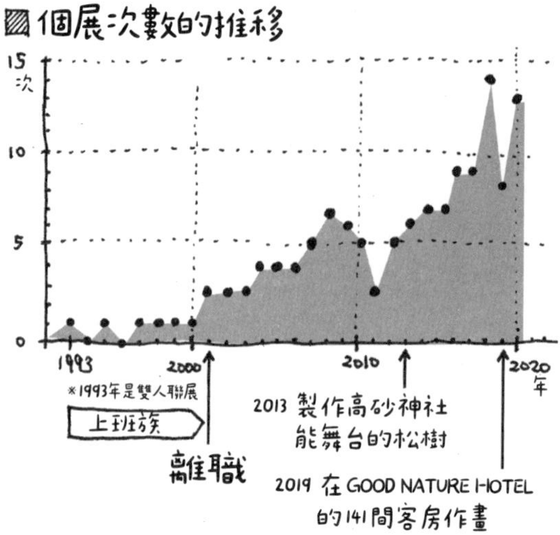

個展次數的推移

15次
10
5
0
1993
2000
2010
2020年
※1993年是雙人聯展
上班族
離職
2013 製作高砂神社能舞台的松樹
2019 在GOOD NATURE HOTEL的141間客房作畫

1 為了增加個展次數，在各地舉辦個展

即便能夠舉辦一場盈利的個展，一年只辦兩、三次個展的話，通常是不足以支應生活開銷的。此外，無論如何都不可能在一次個展上賣出所有的畫作，所以這樣大概很難靠繪畫過生活。

我為了辦更多次個展，於是開始往各

個不同的地方發展。二十五到三十歲還在當上班族的時候，我一年只辦一次個展，不過開始以專職為目標的二〇〇一年辦了三次，之後也一點一點地持續增加個展次數，二〇〇八年辦了七次，到了二〇一八年，一年就可以辦十四次個展。

就我而言，我是從京都開始，再到神戶、東京（銀座）、大阪、鏡石、町田、磐城、奈良、名古屋、仙台、豐田、明石、福岡、鎌倉、國立、釧路等各城市舉辦個展的。

展出的機會是透過：

・在個展中結識畫廊主
・結識的人介紹畫廊給我
・畫廊主介紹其他城市的畫廊給我

等等各種緣分的連結之下逐漸增加。

我不大介意是企畫畫廊還是出租畫廊，我看重的是，如何在展出的地區讓更多人看到我的作品。

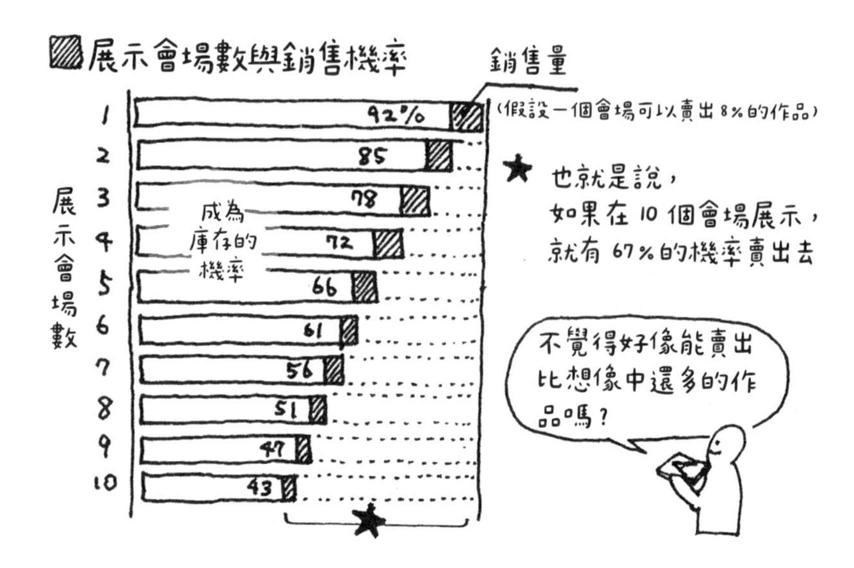

2 畫作庫存減少

開始能到各地展示作品後，同一件作品的觀賞人數增加了。

當舉辦個展的城市增加，一件作品能夠與更多的人相遇，畫作賣出去的機率就會提升。

以我的狀況來說，由於一幅畫作最多可以在十幾個會場中展示，當筆下畫作的七到八成都展示在各地的個展會場時，就處在「能遇到買家」的狀況，因此繪製的畫作就不容易留在手邊成為庫存。

為了讓一件作品被更多人看見而付出的努力，會直接關係到收入的增加。而創作者的品格，也會因為與許多人的相遇、經驗的累積而有所提升。

此外，展出的季節不同，看待作品的方式也會跟著變化，在過去的個展上不怎麼受關注的作品被買下，這種事情也屢見不鮮。

都特地繪製了一個作品，卻只在一場個展上展出，我覺得實在是太浪費了。我希望在還保有繪製那個作品時的「心」的期間，讓它得到更多的展示機會。

當畫作變成庫存的恐怖之處

當畫作變成庫存增加而引發的最大風險，就是繪製新作品的動力下降。看到一個房間堆滿了過去所畫的作品，的確會感到非常心痛。

當大量的作品留在手邊，難免會感到心情沮喪。有些和我同年代或比我大一點的創作者，也在為了不知道該如何處理掉以前的作品而苦惱；在更年長的創作者之中，還有人哭著燒掉以前的作品。對一名創作者來說，這真的是非常非常心痛的一件事。

3 不建議參加聯展

最近這十年，我覺得企畫畫廊似乎有聯展比例增高的傾向。此外，我想也有很多創作者一年會在好幾場聯展中展出作品。

但是，基本上我不推薦聯展。理由很明確，因為在聯展上很難培養出「自己的客人」。聯展通常會有每個創作者的親朋好友前來，因此在名冊上留下住址的人，通常未必會是中意自己畫作的人，不一定能成為發布下次展出通知的對象。即便在聯展上賣出了好幾件作品，銷售額感覺上也達不到足以為生的水準。

此外，不明所以地「感覺自己有在活動」也是一種陷阱。

4 在各地舉辦個展的案例

我在許多城鎮舉辦過個展，開始能夠了解每間畫廊的魅力和弱點。以下會記錄幾間畫廊的特徵，作為大家在各地舉辦個展時的參考。

福岡天神新天町
「Gallery 風」
位於新天町的商店街上，路過的人會晃進來看看展出的作品，是個非常容易進入的畫廊。

A 福岡

我從以前就期盼著有一天要在福岡辦個展。而後，終於在二〇一七年十二月，於福岡市天神地區的「Gallery 風」（出租畫廊）辦了第一場個展。由於我也很想了解福岡這個城市，所以就抱著虧損也無所謂的心態進行展出。

就結果而言，有一千三百名路過的來訪者看見了我的作品。此外，還有超過一百四十個人留下了住址，三個人買了我的畫作。

「Gallery 風」位在一個名叫「新天町」、很有歷史的拱廊商店街，客人告訴我，這裡對福岡人來說是象徵社會地位的區域。由於畫廊位在一樓，又有櫥窗，是很容易進入的環境。

此外，也可以感受到「想要得到自己喜歡的東西」這種文化上的氣概。由於這裡不是觀光地區，所以名冊上幾乎都是福岡當地人。

位於山丘上的廣闊住宅區

從最近的車站 JR 泉站步行前來的話，要爬坡 25 分鐘左右
從磐城市或周邊地區前來的人大部分都是開車

磐城「Gallery 磐城」
由於位於住宅區，幾乎沒有路過進來逛的客人，但這是一間受到周邊地區藝術愛好者所喜愛、充滿魅力的企畫畫廊。

B 磐城

我和福島縣磐城市「Gallery 磐城」（企畫畫廊）的緣分，是透過在這裡展出作品的日本畫家介紹而牽起的。

二〇一四年十一月第一次在這裡展出作品，此後便以兩年一次的頻率在此辦展。畫廊主藤田忠平先生是個非常公正的人，他會說「是不是要確實找出美的本質呢」，這冷靜的一面令人感到信賴。

磐城市是一個坐擁小名濱港、人口約三十五萬的城市，完全不是那種充滿都會氣息的地方。但是，「Gallery 磐城」卻得以長年經營，一直與這個地區的藝術愛好者的心同在。雖然人數算不上多，但熱愛展覽的人們會零星地來訪，與創

位於歌舞伎座旁的木挽町通上一棟大樓的2樓

東京「銀座煉瓦畫廊」
自然光會從大片的玻璃窗灑入室內，是個令人感到悠閒舒適的畫廊空間。

作者一起喝咖啡，優閒度過享受藝術的時光。偶爾也會有人來購買畫作。我也藉由這個難能可貴的機會，認識了這塊土地特有的文化。

C 銀座

在我以專職活動為目標的三十一歲左右，與「銀座煉瓦畫廊」（企畫畫廊）結下了緣分，於是開始在銀座舉辦個展，直到二〇一六年為止，總共在這間畫廊辦了十三次個展。

這間畫廊除了平面作品以外，也會展示木工家具或高級工藝類作品，我在此結識了以這間畫廊的客人（專業音樂人、很懂藝術的人、優秀的創作者等等）為主的許多人。

此外，我從畫廊主竹內惠子小姐身上學到很多，比如仔細又明確的表達方式、與人相處時的適當距離感等等。她那凜然的氣質，直接營造出了這間畫廊的「美」之空間。

我在銀座的個展上，與好幾位之前在京都辦個展時結識的東京人重逢，能讓他們從我的活動中獲得樂趣，就是我在許多城市舉辦個展這種作風的原動力。

不過，由於這裡不是路邊畫廊，有路人踏進門的機率不高，我也曾經想過：「銀座路上的行人明明這麼多，難道沒有什麼可以讓更多人看見的方法嗎？」

二〇一六年的個展，我沒能拿出讓畫廊主滿意的新作品就進行了展出，於是從此以後，我便無法在「銀座煉瓦畫廊」展出作品了。這間畫廊最後教會了我，每一場個展都要全力以赴的重要性（可惜的是，這間畫廊在迎來二十三周年的二〇一九年十二月關門了）。

企畫畫廊的運作機制

雖然企畫畫廊有很多類型，不過這裡會以主要經營各種創作者的個展、我曾合作過並覺得很棒的企畫畫廊為基礎進行介紹。

企畫畫廊是以和創作者一起舉辦展覽，收益由兩者分成的方式營運。換句話說，如果舉辦的展覽收益一直很少，就會無法經營下去。創作者要想像著類似潛規則的業績目標，為了盡可能達到目標銷售額，在作品內容和呈現方式上下工夫。

不過，畫廊主也會展示自己覺得「有價值」的創作者的作品，所以有時候就算沒有達成業績目標，也可以在畫廊展出作品。而企畫畫廊的客人與畫廊主的美感或價值觀會有所共鳴，進而享受畫廊的每一場展出。

根據不同的販售管道，創作者可以分到的金額成數（示意）

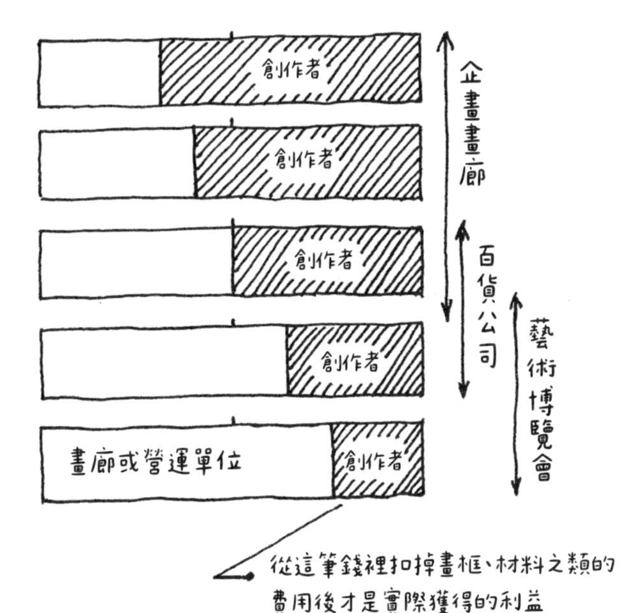

《畫廊、營運單位與創作者是同舟共濟的關係》

★ 此圖表的用意並不是要表示創作者的分成比較少

★ 請不要忘記，要先有展出的場地，創作者才有辦法展示作品

・參考範例

在 15 萬日圓的出租畫廊展出，銷售額 50 萬日圓的情況

企畫畫廊與創作者同心協力是非常重要的一點，我認為這會使展出內容變得更好，銷售額也會隨之提升（雖然還想告訴大家更多，但其他部分事關畫廊的機密，所以就說到這裡）。

從目標為與企畫畫廊一起舉辦優秀展覽的觀點來看，我認為將創作者的想法傳達給畫廊主，雙方互相交換意見也是非常重要的。此外，根據情況，有時候在金錢條件上折衷也很重要。千萬不能忘記企畫畫廊和創作者是同舟共濟的關係。

5 利用出租畫廊和企畫畫廊搭配展開活動

企畫畫廊會有與畫廊主的美感價值觀深感共鳴的客人以及美術愛好者前來觀賞作品，但是面向道路的企畫畫廊很少，遇到新客人的機率通常較低。

如果無法結識新客人，只在企畫畫廊舉辦個展，或許會在某個時間點迎來活動

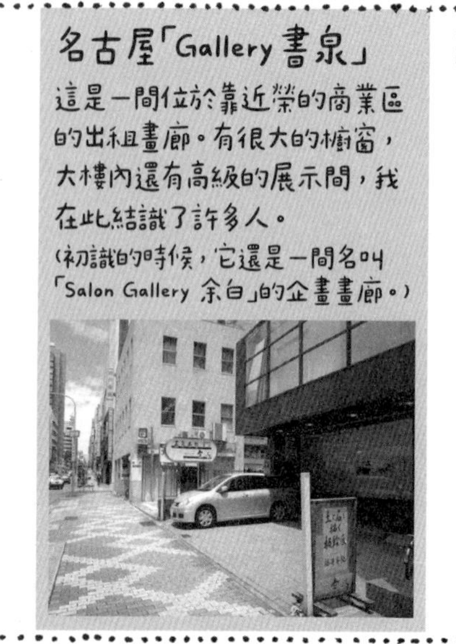

的極限。於是我透過面向道路的出租畫廊（這裡是指「路邊畫廊」）結識新的客人，而這些人也會前往我在企畫畫廊舉辦的個展，我就是像這樣搭配出租畫廊和企畫畫廊發展自己的展示活動。

這裡提供擴大活動時的具體方案給各位。

仙台「晚翠畫廊」（企畫畫廊）

面向仙台的其中一條大馬路廣瀨通。這間企畫畫廊雖然位於商業區，但也能夠遇到不少路過進來逛的客人。可以從路上清楚看見畫廊內部。

運用路邊畫廊與企畫畫廊活動的原因

● 企畫畫廊擁有與畫廊主的美感產生共鳴的客人

假設有50人左右

如果創作者A第一次在那間企畫畫廊展出作品

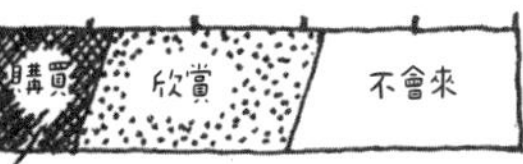

• 50人之中有10人左右會購買

• 5~7人會購買

→ 在這個時間點，對企畫畫廊的營運來說，銷售額不足的可能性很高

只有2、3人會購買

→ 很難得到第4次展出機會

到第3次就看膩的狀況在「非當地創作者」和企畫畫廊之間時常發生

↓

必須要自己創造出新的客人

- 路邊畫廊
- 運用社群平台、在聚會上結識新的人

各城鎮與建議的搭配

在擴大行動的階段，我覺得從居住地以及有路邊畫廊的城市（最好是觀光地區）這兩個地方開始，先建立多一點人脈會比較好。不用在意是企畫畫廊還是出租畫廊，重要的是挑選會場。

而想要進一步擴大的時候，我覺得重點是在能夠結識更多人的畫廊和能讓客人仔細觀賞的畫廊之間取得平衡。

這裡以東京、關西、福岡的創作者為例，介紹擴大活動時的建議方式給各位。

在個展會場結識各式各樣的人，不僅對未來的擴大活動有幫助，也有可能因此在將來接到意想不到的大型案件。

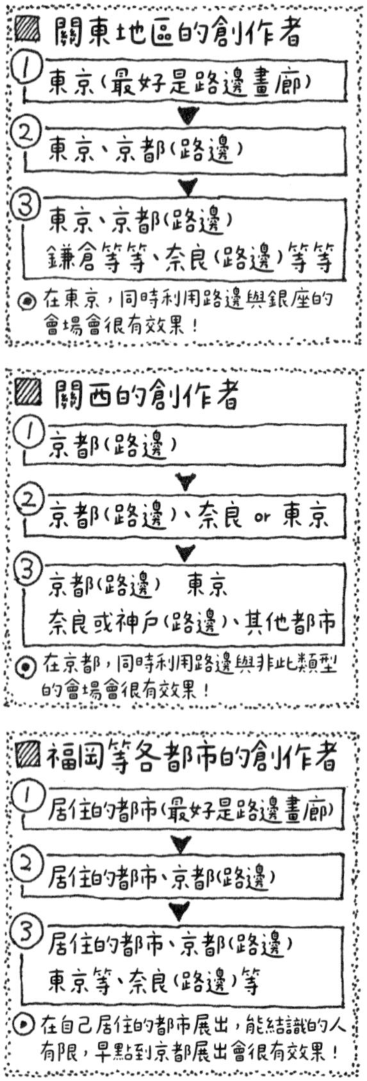

關東地區的創作者

① 東京（最好是路邊畫廊）

▼

② 東京、京都（路邊）

▼

③ 東京、京都（路邊）
鎌倉等等、奈良（路邊）等等

◉ 在東京，同時利用路邊與銀座的會場會很有效果！

關西的創作者

① 京都（路邊）

▼

② 京都（路邊）、奈良 or 東京

▼

③ 京都（路邊）　東京
奈良或神戶（路邊）、其他都市

◉ 在京都，同時利用路邊與非此類型的會場會很有效果！

福岡等各都市的創作者

① 居住的都市（最好是路邊畫廊）

▼

② 居住的都市、京都（路邊）

▼

③ 居住的都市、京都（路邊）
東京等、奈良（路邊）等

◉ 在自己居住的都市展出，能結識的人有限，早點到京都展出會很有效果！

尋找好畫廊的方法

我無時無刻都在尋找畫廊。

方法有很多，而其中一種就是去確認自己欣賞的創作者過去辦過展的會場。

我想，如果優秀的創作者在某間畫廊辦過好幾次個展，那麼這間畫廊肯定是一間可以放心合作的優秀畫廊。

此外，那間也許很優秀的畫廊，通常還會和其他自己不認識的優秀創作者合作，因此看看那些創作者舉辦個展的其他會場，又可以找到其他的畫廊。

聯展較多的原因

要是不提高收益，企畫畫廊也無法經營下去

而聯展就是其手段

① 可以向畫廊的客人介紹其他創作者
（通常頂多三人聯展）

・會購買作品的人，購買其他創作者作品的可能性很高 → 收益增加

② 靠多人聯展來增加觀展人數
（有時候會多達10人以上）

・創作者各自的客人、熟人會來購買各創作者的作品。
・也能提供從眾多作品之中物色作品的樂趣

★如果目標是為生，建議與較常舉辦個展的畫廊合作

個展還是最佳選擇

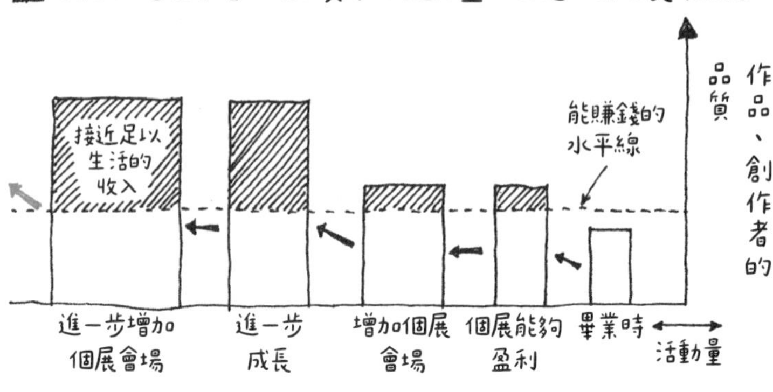

6 作品、創作者的品質與活動量

到目前為止，談論了結識客人、接單、作品價格等事項，然而要馬上實踐是非常困難的。

我認為「作品的魅力」、「創作者的待客能力」這些東西，要不斷累積個展經驗才能慢慢獲得。而在這個過程中，最重要的就是均衡提升「作品、創作者的品質」和「活動量」。我是用上圖的四角形來思考這兩項要素的。

這個四角形以「作品、創作者的品質」為高度，「活動量」為寬度。四角形愈高，作品、創作者的品質愈好，愈寬則是活動量愈大。

如上圖，剛從學校畢業時，作品與創作者的品質未臻成熟，尚未到達能夠賺錢的水平線。活動量也處於較少的狀態。隨著年齡增長、活動經驗的累積，高度（品質）和寬度（量）都會增加。

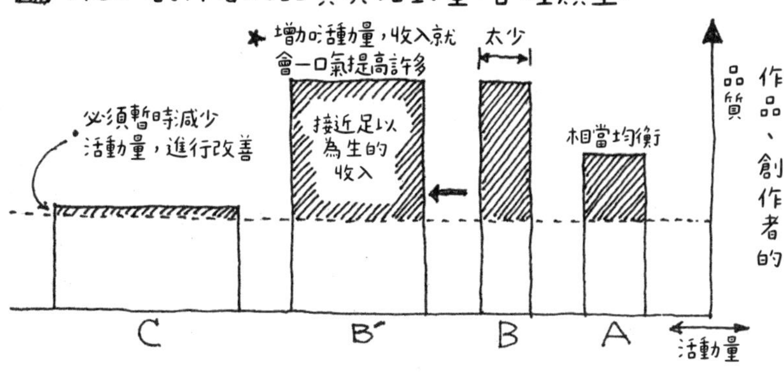

當四角形超過一定的高度，有人購買自己的作品，就會開始賺錢，大概是這種感覺。

請各位想想看，自己現在的四角形是什麼形狀。假設是像上圖的A四角形一樣，那建議你努力提升「作品、創作者的品質」，並同時增加「活動量」。

如果是B的情況，只要努力提升「活動量」，讓客人變得更多，整體的銷售額應該就會提高。當個展的次數翻倍，收入也有可能會翻倍（如果還沒辭掉其他工作，那麼B的形狀較理想）。

如果是C的情況，由於活動量過大，建議減少活動量，先致力於提升品質。例如，很有可能是因為產出大量的作品，導致品質不如以往；或是沒有整理結識客人的名冊；也可能是沒有好好珍惜該珍惜的客人。要針對活動方式本身進行改善。

此外，如果不增加活動量，只努力提升作品品質

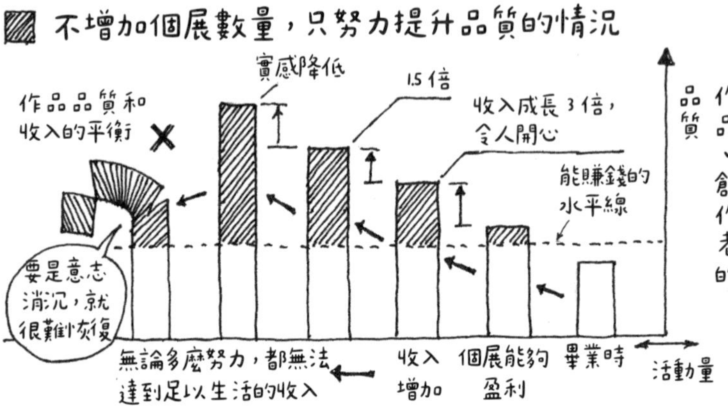

不增加個展數量，只努力提升品質的情況

實感降低
1.5倍
作品品質和收入的平衡 ✕
收入成長3倍，令人開心
能賺錢的水平線
作品、創作者的品質
要是意志消沉，就很難恢復
無論多麼努力，都無法達到足以生活的收入
收入增加
個展能夠盈利
畢業時
活動量

的話（上圖），最後有可能會因為感受不到收入增加等成長的實感，導致活動變得不順利。

請用這種四角形想像自己的活動狀態，如此一來，就能夠規劃未來一至二年的活動方向。希望各位能取得平衡，提升自己的作品品質與待客技巧，繼續擴大活動。

前面也提過，增加活動量的時候，在自己居住的城市辦過展之後，建議去京都的路邊畫廊辦展。如果路過進來看展的人被你的作品所感動，買下你的作品，從一場個展中獲得一點點的收益，你就會產生極大的自信。而那份自信會進一步帶來好的緣份與成果。

有一名曾在我舉辦的「討論會」上聽講的關東地區創作者，第一次在京都的路邊畫廊舉辦個展時，對我說：「我第一次體會到『真的』在舉辦個展的感覺。」令我非常開心。

7 擴大的時機自然會到來

我每次舉辦個展時，都會確認上面的五個項目。如果沒有滿足這五個項目，就代表那場個展有所不足，必須改善才行。要是滿足了這五個項目，當一場個展有盈利，就會拓展新的緣分，產生更多的利益，可以舉辦更多的活動。

當個展到達一定的水平以上，活動就會自然而然地迅速運轉起來。由於人與人的交友關係本來就是一種網絡，因此緣分一旦開始連結，就會不斷地連結下去。

▨ 重視的5個項目

- □ 客人是否享受其中？
- □ 有沒有推心置腹地待客？
- □ 有沒有結識新的人？（也包含有潛力的客人）
- □ 這間畫廊有讓自己獲得成長嗎？
- □ 自己在每次的展出中有學到新事物嗎？

一次相遇所牽起的緣分

一次乍看之下再普通不過的相遇，牽起了我和磐城、仙台、明石的個展會場的緣分，獲得了為會津若松的「鰻のえびや（第五代）」繪製隔扇畫、為神戶市西區的性海寺製作如意輪觀世音菩薩御前立的機會。

現在回頭看，我對於什麼樣的相遇會帶來什麼樣的發展非常感興趣。我認為年輕的創作者應該多多在這種有機會建立對未來有幫助的人脈、面向馬路的畫廊舉辦個展。

雖然在企畫畫廊也有可能遇到有發展性的緣分，但是這種「被客人『找到』」的熱情，是只有在面向馬路的畫廊才能體驗到的。

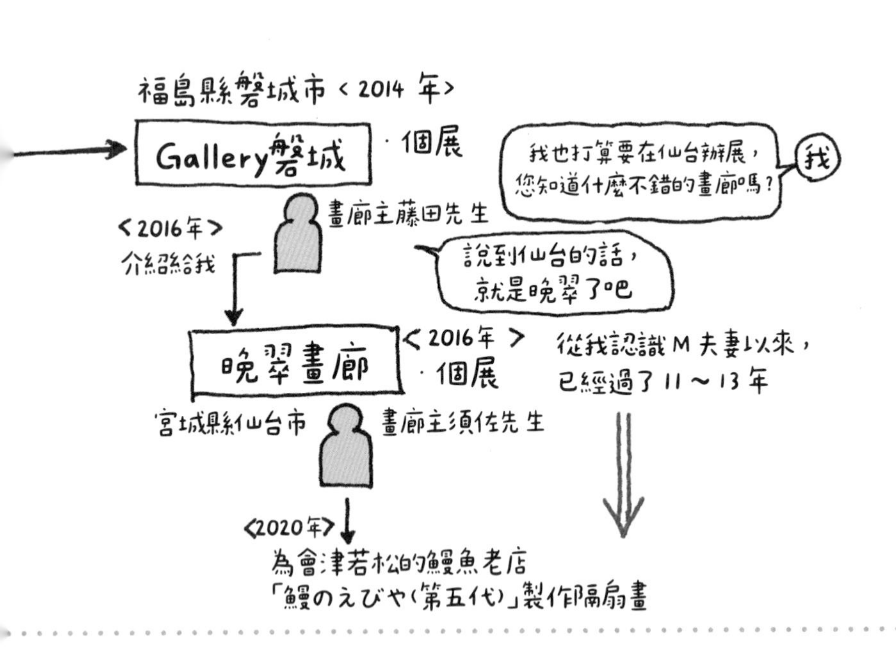

從一次相遇開始逐漸擴散的緣分（實際案例）

～相遇的時候，完全沒想到會發展出這麼多的聯繫～

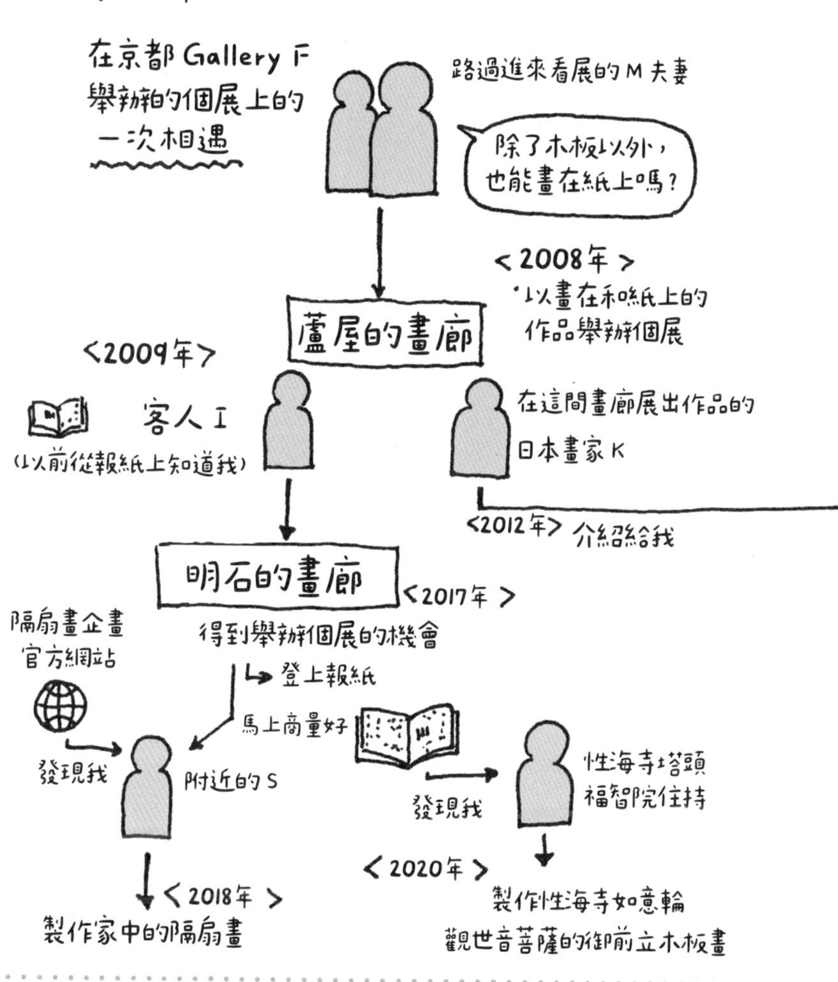

8 讓客人找到自己的重要性

我基本上不會主動推銷。因為我在大約辦了十五次個展的時候（三十三歲左右），強烈感受到「讓客人找到自己」的重要性和有效性。

與那些在個展上發現我的客人初識的畫面，至今仍然鮮明地留在我的腦海中，每次重逢時，他們都會開心地談論發現我的偶然性和緣分。此外，那些「找到我」的人，又會熱情地將我介紹給他們的朋友等等。

「藉由自我推銷而獲得的緣分」和「對方找到的緣分」相比，客人的熱情程度有著很大的差距。這份熱情的差距，會讓因一次相遇而起的緣分擴散模式出現很大的不同。

我之所以堅持要在容易吸引路人的路邊畫廊展出，就是因為路邊畫廊是一個非常容易「讓客人找到自己」的好地方。我認為自己有百分之七十的工作，都是靠「讓客人找到自己」結下的緣分不斷延伸而成立的（由於客人人數太多，所以我去查了畫廊，發現在我舉辦過個展的二十三個城市中，有十五個都是源自「讓客人找到自己」結下的緣分）。

- **靠著「讓客人找到自己」的緣分得到辦展機會的城市：**東京、大阪、鏡石、町田、蘆屋、奈良、高取、磐城、大津、仙台、明石、彥根、宇治、鎌倉、釧路。
- **靠自己主動出擊而得以辦展的城市：**京都、神戶、名古屋、靜岡、豐田、福岡、津、國立

關於我僅此一次主動推銷的事——向畫廊自薦

基本上我是以「不推銷」的方式活動

在京都的路邊畫廊不斷舉行個展的時候，我感受到「讓客人找到自己的重要性」，因此在目標成為專職畫家時，我也不會主動推銷自己。此外，我曾在企畫畫廊的個展中，看見上門推銷的年輕創作者（也有不年輕的）被冷淡對待的樣子，於是對推銷的效果抱持懷疑。

僅此一次主動上門推銷的城市——名古屋

但是，過了四十歲的我，已經在許多城市累積了展出的實績，但是我和名古屋的畫廊之間並沒有人脈相連。四十三歲的時候，我覺得再這樣等待緣分出現也是徒勞，心想「只能靠自己主動出擊了」，於是在網路上搜尋應該是面向馬路的名古屋畫廊，向五間畫廊寄去信和簡歷資料，過幾天打電話約時間，親自登門造訪（抱持著所有畫廊都拒絕我也是理所當然的想法）。

我分別造訪了四間畫廊1.因為方針不同而被拒絕2.因為地點不好而放棄3.是半企畫而且要付錢（還挺貴的）4.是與更高等級的創作者合作的畫廊，於是，我在沒得到什麼好收穫的狀態下在名古屋市中心走來走去。結果，偶然看到了一間我沒查過的路邊畫廊。雖然畫廊主不在，但我把資料留給事務人員，幾天後，對方連絡我說可能有機會展出，於是我終於開始在名古屋舉辦個展（我至今仍然偶爾會造訪這四間畫廊的其中兩間，觀賞展示品，並閒聊一下名古屋的藝術情報）。

因推銷時的年齡而異的反應——基本上，推銷要趁年輕時

如果是二十幾歲的人向企業或畫廊自我推銷，因為「還年輕」或「很有熱情」之類的關係，即便沒有事先預約，對方通常也會心想「拿你沒辦法」，對你抱有正面印象。

要是在四十歲的時候做同樣的事，可能會被說「都一把年紀了」或「很難看」，如果沒有事先預約，甚至會被嚴厲批評「一點社會常識都沒有」。我覺得過了三十五歲，人們通常會要求你的實績。此外還有思慮周到、具社會性的高水準溝通能力，以及作為一個社會人士的禮儀，光靠熱情行動似乎通常會給人留下負面印象。

換句話說，如果想要靠推銷宣傳自己，我覺得「基本上要趁年輕的時候」（我到四十幾歲才發現這件事）。

因年齡而異的反映

四十幾歲時繪畫誤入歧途的現象

我觀察過許多創作者的活動，包含比我年長的人，然後發覺有不少創作者會在四十歲左右時迷失繪畫的方向。

大家通常會想要挑戰某種新的表現方式，或加入完全不同的要素，但我覺得這是非常不好的模式。雖然我理解那種「得想想辦法」的想法，但是在大多數情況下，並不是作品不好，只是在建立人脈的觀念上出了問題，導致活動進行得不順利而已。

如果作品誤入歧途，就會連創作者的優點也一併失去，所以一定要多加注意。

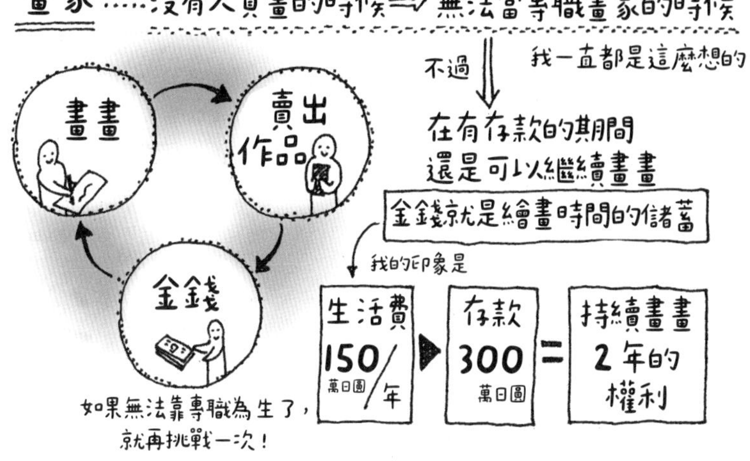

回答問題①

我在FB貼文上向大家徵詢，想了解哪些與活動相關的事，於是收到了幾個問題。接下來，我會針對幾個略為消極的問題闡述我的想法。

關於調降作品價格

基本上，我覺得調降作品價格也不會有人來購買。

而且因為「調降價格的內疚感」，創作者的心靈純度會降低，對下一個作品造成不良影響，讓負面的實感擴散。想要賣出作品，就必須在「能遇到買家的地點」展示作品（請參照119頁「選擇能夠結識客人的畫廊」）。

關於放棄當畫家

「想畫就畫，不想畫就不要畫」是基本原則。就算放棄了，也只要再提筆創作就好。

如果經過好幾年，活動依然不順利，問題應該不是出在作品，而是活動方法。請試著辦一場井然有序、容易遇見路過客人的個展（請參照114頁「人之章」的扉頁）。

VI 考量作品的成本

在持續、擴大活動這件事情上，繪製作品的費用意外地會是一大課題。以日本畫為例，顏料、和紙、畫板、畫框等各部分都需要花錢。這些費用日積月累下來也是一大筆錢，有時候還會成為阻礙創作者活動的原因。

我想來談談這個話題，希望各位創作者能藉此開始思考，對自己來說必要的東西是什麼。

1 對作品來說真正必要的事物

A 畫框

最近經常能夠看見沒有畫框的作品，不知道以無畫框形式展示畫作的各位創作者是怎麼想的呢？我個人是大力贊成無畫框展示。我認為不需要畫框的原因有二。

①畫框的費用經常比想像中還要昂貴

假設你有二十件要展示的作品，一個畫框要價五千日圓，那麼畫框費用總共就是十萬日圓。雖然下次舉辦個展時畫框也可以用在其他作品上，但是考量到當時的作品內容或尺寸的搭配，很多時候還是會選擇購買新的畫框。

②購買作品的人實際上會不會使用該畫框的問題

從防塵等保管上的觀點來看，事實上大多數的人還是希望有畫框。此外，畫框搭配得好，能讓作品錦上添花也是事實。相反地，也有人會將創作者原本配置的畫框換成別的（買家自己喜歡的）畫框，或是拆掉畫框直接掛起來（我就是這個類型）。

尤其是剛起步的時候，必須在財力有限的狀況下進行活動。希望大家好好思考一下，該如何看待所費不貲的畫框。

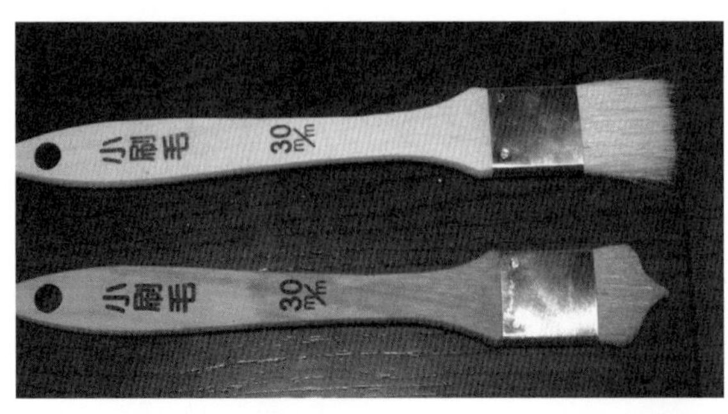

修剪的案例　上：為了在飯店的客房一鼓作氣地描繪櫻花花瓣，開發出了新的筆刷形狀（上面是原本的形狀）。左下：利用尖頭的筆刷，一筆表現出櫻花的花蕊（照片是重現當時的狀況）。右下：雖然是4支100日圓的筆，但修剪過後就變成了好用的筆。

B 筆

我幾乎都是用百元商店買的畫筆或家庭五金百貨買的板刷。

使用以土石自製的顏料，畫筆的毛會磨損，就算使用高級的筆也沒有意義，這是最主要的理由。此外，我還會為了讓自己更好畫而修剪筆毛，調整形狀。藉由這些方法，至今我還沒有強烈體會到缺畫筆的感覺過。

C 包裝

當作品賣出去的時候，我基本上都是用某種東西的紙箱來製作外箱。

我不會使用疊箱或差箱（註：

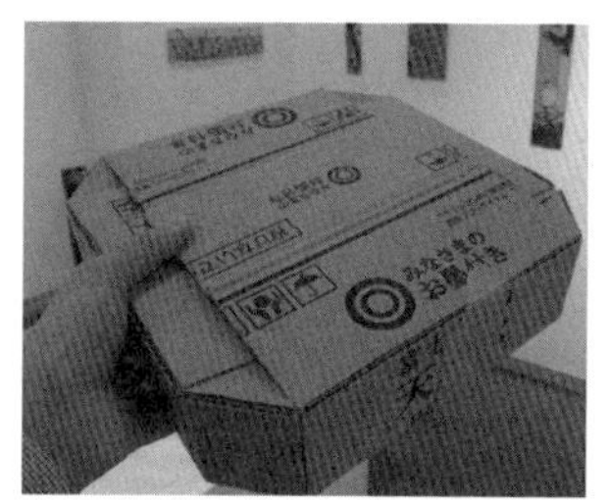

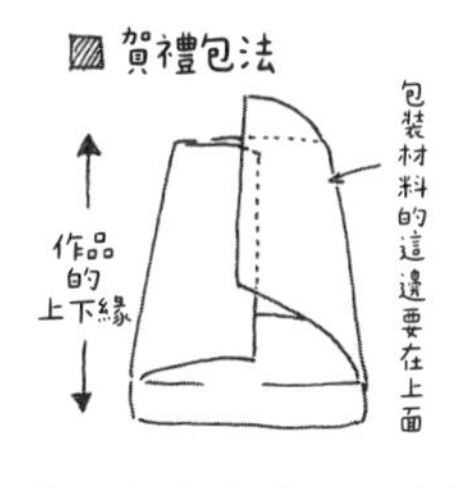

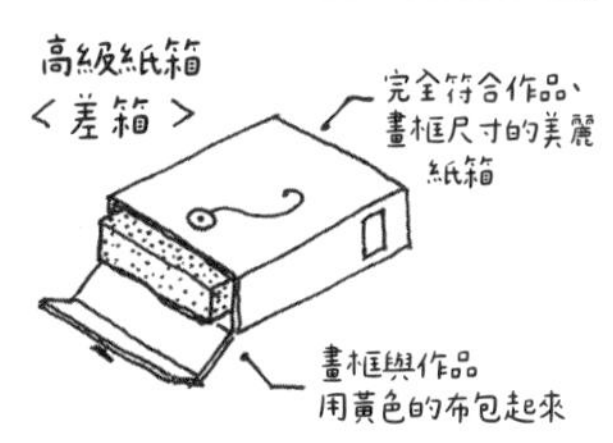

上：有客人購買了畫著白虎的八角形畫作，要寄送的時候我靈機一動，想說如果箱子是八角形的話應該會更有趣，於是利用在畫廊附近的超市拿到的空紙箱製作了箱子（這是我最有自信的一個包裝）。左下：我也曾經把食品的紙箱翻面，做成漂亮的紙箱。信也會一起裝在裡面。

用來裝畫作的日式傳統紙箱。）那種高級的箱子。我會用緩衝材料包住作品（木板畫），為了預防紙箱摔落時傷及作品，我會在外箱與作品之間保留一點空間，非常注重安全性。

裡面除了作品以外，還會附上一封信。我會想像買家打開包裝的樣子，在包裝上發揮巧思，讓它看起來又美又舒服。緩衝材料也是採用「賀禮包法」（上圖）。有些人會用報紙當作緩衝材料，但我會盡量避免將會成為垃圾的東西放進去。

我構思出的新主題，或者說是方向性——住宅潮流與繪畫表現的關係

繪畫通常會被掛在住宅或店面等室內空間，這是理所當然的。

繪製畫作的人經常會把提升繪畫技術當成目標。我也一直都以提升技術、提升繪畫速度為目標。不過，我也同樣重視另一個問題，或者該說是課題。那就是住宅與繪畫的關係。

適合擺在蘋果創辦人家中起居室的繪畫

「蘋果創辦人史蒂夫．賈伯斯（一九五五～二〇一一）家裡的起居室，適合搭配什麼樣的畫？」我對這個問題擅自進行了各種想像。廣泛地說，我認為關鍵字是摩登，或是如禪一般的黑白世界觀，並且能從中感覺到自然的味道。然後，一有機會我就會嘗試繪製，但是目前還未能達到自己真正感到滿意的表現。

回到原本的話題，思考一下時代變遷與建築、繪畫的關聯，就會發現下述事項。

文化的主角與建築、繪畫的關聯

從安土、桃山時代到江戶時代初期，武士建造了很多城堡和武家屋敷等建築。人們為了搭配粗柱子和高聳的天花板，而購買障壁畫這類豪華、強而有力的大型畫作，於是狩野派等繪師大受歡迎。

後來，和平的日子持續，進入了以富有商家為首的平民也擁有力量的時代，與上個時代的武家建築不同，此時的人們偏好以細柱子構成的宅邸。我認為在江戶時代中期，池大雅、與謝蕪村等人的文人畫之所以會蓬勃發展，就因為這種建築物的變化。

大正時代，財閥成為文化的主角，建造了許多結合茶室或西洋風格的建築物。江戶時代那種大型壁龕減少，掛軸應該也是因此開始做成符合這個時代壁龕的尺寸。

雖然說明相當粗淺，但繪畫與建築之間確實有著緊密的關係。由此可知，繪畫是會隨著時代的文化主角或流行而演變的。

現在的全球性摩登化

到了現在，資訊科技等全球化企業勢力強大，建築物摩登化的傾向也逐漸擴散，這種傾向最先展現在店面裝潢等處。高層住宅大樓的室內裝潢也有著同樣的傾向。我認為藝術家和畫家有必要創造出適合這種摩登住宅空間的繪畫表現。

一想到日新月異，或者該說是不斷在變化的潮流，就感覺現在大多數的繪畫表現都還維持在過去的狀態。雖然也有「現代美術」和「當代藝術」，但我認為這些藝術派別未必有考量到與摩登住宅空間的搭配。

我覺得只有「繪畫的世界」一直被過往常識之類的東西綁住。請各位踏出腳步，想想看其他業界（建築、設計、時尚、珠寶等）的狀況。是不是能找到一些提示呢？

建築物與繪畫的關聯性

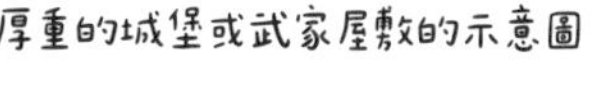

厚重的城堡或武家屋敷的示意圖

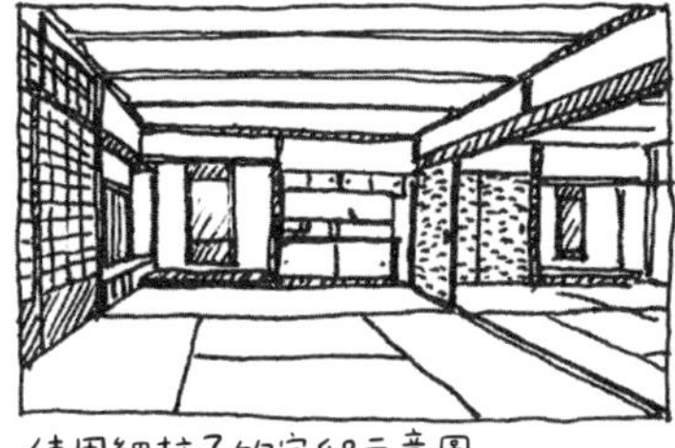

使用細柱子的宅邸示意圖

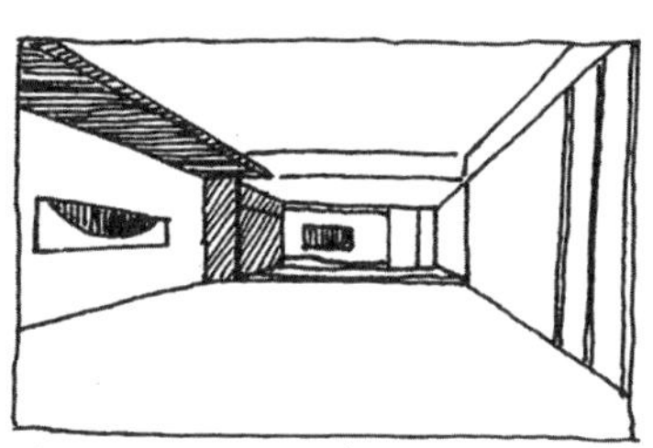

摩登的住宅空間示意圖

＊我認為有必要去探究適合摩登空間的繪畫表現的可能性

社會大幅改變的此刻，正是好機會

我有點羨慕現在二十到三十歲的創作者。從歷史層面來看，若有引領社會的新領導階級登場之類，整體社會出現大幅變化的情況之後，日本的美術都會特別蓬勃發展。而現在，全世界社會都開始出現劇變。假設現在還在社會變化的途中，我覺得再過十年到二十年，就能具體看到美術發展的「成果」。

我現在五十歲，所以當我實際感受到「成果」的時候，已經沒剩多少歲月可以創作了，實在可惜。雖說如此，我還是將自己的觸角伸向未來，思考未來會發展出什麼樣的新美學，尋找前兆，努力在自己的創作表現中加入這些元素。

美會發展成什麼樣的風格？我認為會是適合摩登空間的藝術（參閱上一頁），而「美的發展」就蘊藏在作為其前提的住宅空間變化，以及整體社會的價值觀變化之中。

幾年後，應該會有更多創作者鑽研出比現在更新穎的表現，再加上擁有嶄新才能的創作者，全世界的創作者和作品都會互相影響。可以想像，創作者的探索量也會增加，新的美學表現會迅速進化。我非常期待

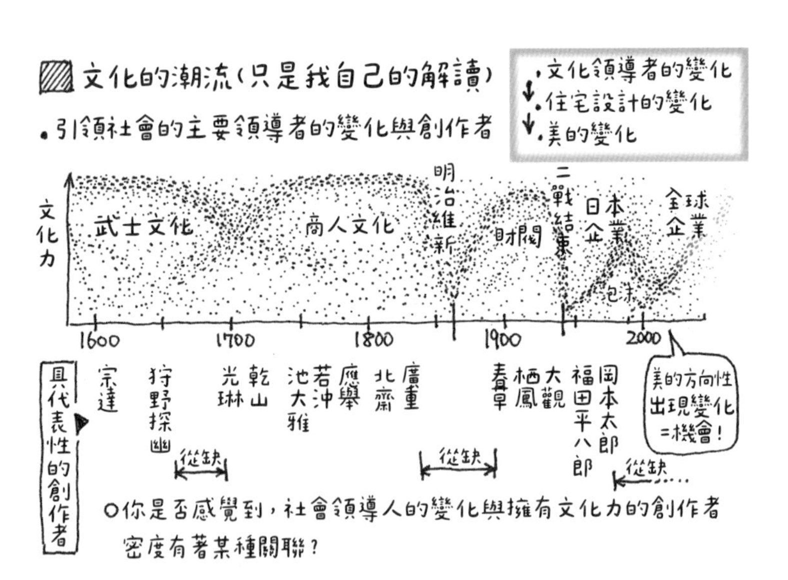

那樣的未來。

〈參考〉美術層次與金錢之間的關係（時代變遷）

比較我剛開始活動的二十歲時、可以靠專職創作為生的三十五歲時，以及五十歲的現在，「靠作品賺錢」或者說「把畫畫當成工作」的程度一直在變化。這雖然會受到社會情勢或流行等各種要因影響，但如果要想像未來的劇烈變化，我認為去感受更大範圍的時間流動或社會變化是很重要的。

我的解讀如下圖所示。小黑點表示創作者的分布。分布圖中右上角的黑點愈多，就代表在這個社會中，「高層次的美愈容易賺到錢」。在此就不做詳盡的說明了，我認為現在正在活動的創作者之中，三十五歲以上的創作者受到過多昭和年代，尤其是一九五〇～一九八〇年（圖D）這段時間的社會機制影響。從現成品中挑選商品的想法，以及「美術作品賣不出去」的想法等等，這難道不是上個世代的觀念嗎？

社會會改變，美術的概念也在改變。這種改變，就是發展新美學的機會，希望各位去確認自己活動的立場，仔細觀察、摸索包含全新發展在內的各項事物。

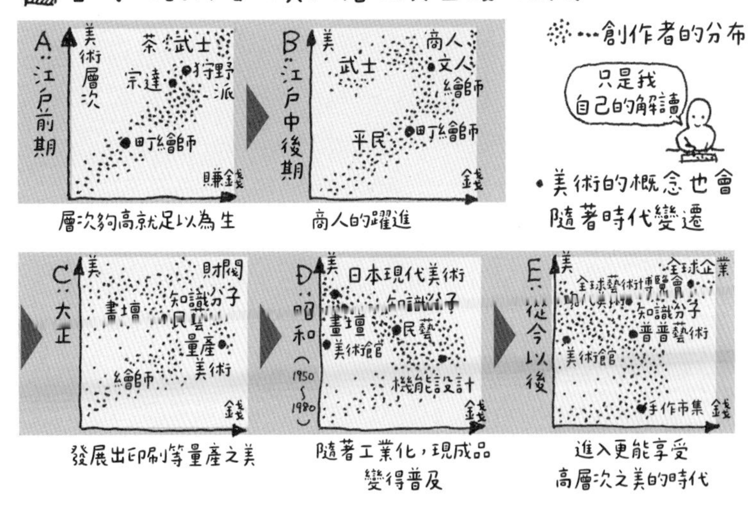

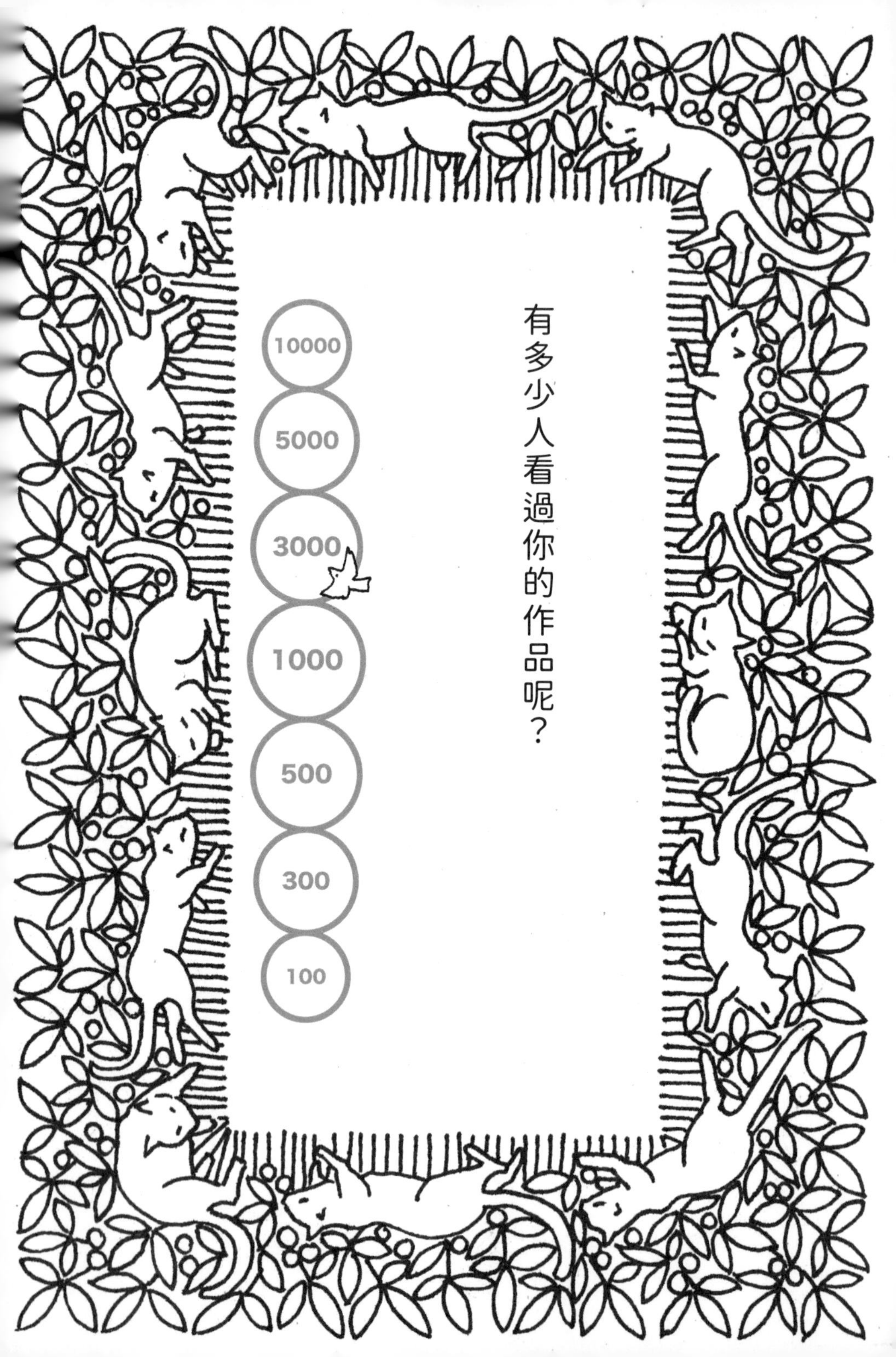
有多少人看過你的作品呢？
10000
5000
3000
1000
500
300
100

〈人之章〉

與客人間的關係

如果，作品賣不出去，
不是因為作品缺乏魅力，
可能只是沒有遇見
想要購買那件作品的
「你的客人」而已。

這一章要來談論「自己的客人」，這是在持續專職活動這件事情上最重要的一環。

這裡會寫出我是如何結識為我提供生活資源的「自己的客人」，並將人際關係持續下去的（雖然其中也包含前面已經提過的故事，但這是最重要的部分，所以我要仔細地說明）。

I……創造「自己的客人」

・經過畫廊門口，瞄一眼櫥窗內作品的人
・在畫廊外，隔著櫥窗欣賞作品的人
・進入畫廊，看完作品就回去的人
・在畫廊仔細欣賞作品，並於名冊留下住址的人

所謂「自己的客人」（我自己的定義）

- 經過畫廊門口，瞄一眼櫥窗內作品的人
- 在畫廊外，隔著玻璃欣賞作品的人
- 進入畫廊，看完作品就回去的人
- 仔細欣賞作品的人
- 仔細欣賞作品，並於名冊上留下聯絡地址的人
- 因為喜歡作品而將其買下的人
- 購買超過兩件作品的人

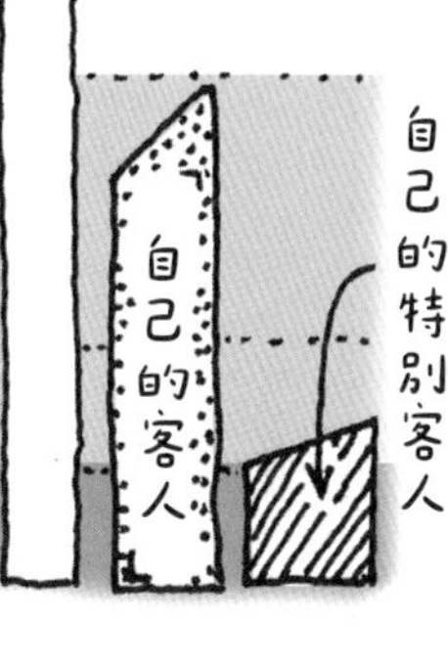

・因為喜歡作品而將其買下的人
・購買超過兩件作品的人
對我來說，以上每一種人都是「客人」。
＊在本書中，「自己的客人」代表仔細欣賞作品以上的人，「自己的特別客人」代表購買超過兩件作品的人。如上圖所示。

①「自己的客人」自己創造的概念

二十一歲的時候，我去參觀大學時很照顧我的木代老師的雕刻展覽會，當時老師對我說了「自己的客人要自己創造」這句重要的話，因此至今為止約三十年來，我一直都在積極進行「創造自己的客人」這件事。我想，如果沒有那句話，就不會有

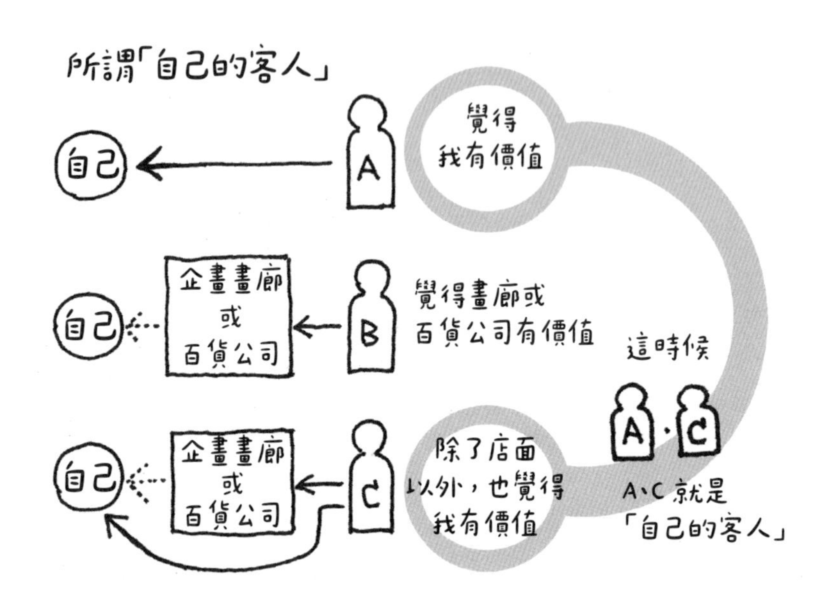

現在的我。

在個展上，可以遇見各式各樣的人。能夠用自己的作品、想法、活動，讓以前完全不認識的人得到樂趣。我認為其中對自己的價值觀特別有共鳴的人，以及購買作品的人，就是「自己的客人」。

用其他方式表達的話，「自己的客人」可以說是多少有點「愛著創作者的人」，或是「從自己的人生中獲得樂趣的人」。

像這樣在心靈和金錢給予創作者大力支援的人，就是「自己的客人」，如何去結識這樣的人，就是持續創作活動的最重要關鍵。

不過，「自己的客人」並不是單純指購買作品的人。企畫畫廊和百貨公司的客人也會購買作品，但僅僅如此還不能算是

京都寺町三條「Gallery F」
為我打好活動根基的畫廊。「高砂神社能舞台的松樹」、會津若松「鰻のえびや（第五代）」的隔扇畫、支援我在銀座舉辦個展的人，一切的起點都是當時在「Gallery F」結下的緣分。

「自己的客人」。因為這些人感受到的價值可能不是來自創作者，而是企畫畫廊或百貨公司。將銷售交給企畫畫廊或百貨公司處理、創作者本人不在現場的展出，是很難創造「自己的客人」的。

2 選擇能夠結識客人的畫廊

創作者可以在展示畫作的畫廊結識各式各樣的人。換句話說，畫廊就是與人相遇的空間。路過的行人能夠輕鬆進入的畫廊，就是能夠遇見各種人的好畫廊。

從第一次展出（雙人聯展）以來的十七年，我於京都舉辦個展的會場都是「Gallery F」，我也在此結下了非常多的緣分。現在已經關閉的「Gallery F」

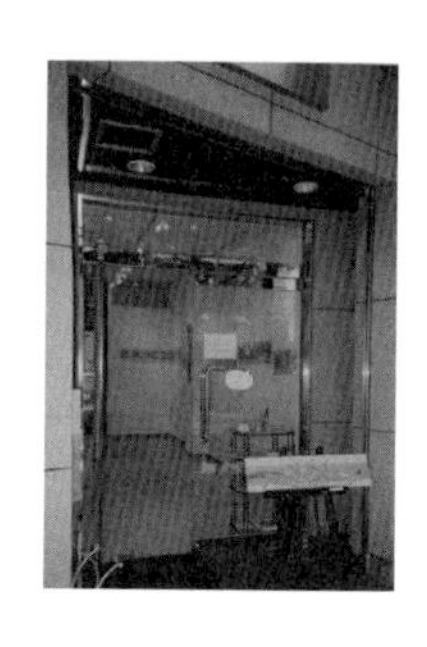

神戶三宮「Gallery RuPaul」

正面寬度較窄，但是空間非常有質感，是一間除了畫作之外，也會展示飾品之類作品的出租畫廊。優點是位處觀光地區，所以可以遇到來自全國各地的人。

位於京都鬧區拱廊商店街內的寺町商店街，斜對面是壽喜燒很出名的「三嶋亭」，還有西服店、骨董店等時尚的店家。不時能看見愛好美食、關注文化的人走在這條路上。

「Gallery F」就面向這條道路，正面寬度達四公尺，是一間擁有大面櫥窗，空間開闊的畫廊。路過的行人幾乎可以看見內部的所有展示品，要是覺得喜歡，就可以進入畫廊慢慢觀賞（二〇二二年關閉）。

此外，我第一次踏出京都辦展的地方——神戶三宮的「Gallery RuPaul」，也是面向北野坂這條前去異人館的觀光客會經過的道路，對面有美味的麵包店 Isuzu Bakery，雖然正面寬度較窄，但是也能夠遇見路過的行人。我在這間畫廊，牽起了與「銀座煉瓦畫廊」畫廊主的緣分。

從這些經驗中我了解到，畫廊面向人流多的道路有多麼重要。而若是位處觀光地區，就能遇到更多來自各地的人。

這裡具體寫出在挑選有機會結識客人的畫廊時，我所看重的幾個點。

1. 可以從路上看見畫廊內部
2. 會有觀光客經過
3. 位於行人走路速度較慢的地點
4. 從路人的角度來看，在四步的時間內都看得見作品（因為從提起興趣到停下腳步，需要四步的時間）
5. 位於有文化氣息的區域
6. 附近有好吃的店家
7. 畫廊前面的道路不要太寬

另外，我回想過去的經驗，發現共通點似乎還有附近有間優質的鞋店。有些商店街的音樂放得很大聲，但我更重視能不能與人結下緣分，所以不大會去在意吵雜的環境。有些創作者會堅持要在企畫畫廊辦個展。但是我認為，舉辦有企畫但很難結識新對象的個展，以及每年都是同一批人來參觀的個展，活動的發展性會較受限。

奈良「Gallery & Postcard 藤影堂」
位於連接奈良飯店與觀光地區「奈良町」道路上的企畫畫廊。
我為了讓路過行人看見作品而下了一番工夫，比如將作品掛在外面的格子窗等等。屋齡100年的氣場營造出的高品質空間也很有魅力。

企畫畫廊的魅力

雖然少有路過進來看展的客人，但熱衷於藝術的人們齊聚一堂的畫廊也是別具意義的展出會場。這種類型的會場通常都是企畫畫廊，也可能是某種類似沙龍的會場。如果可以在這裡展出，應該會結下能刺激心靈的新緣分。

路邊畫廊較多與較少的城市

京都是路邊畫廊特別多的城市。據我所知，其他還有奈良、神戶、東京的谷中、代官山、國立等，以及福岡的新天町。反之，名古屋的畫廊幾乎都在大樓裡面，路邊畫廊似乎比較少。

雖然還有很多我不了解的城市，不過我每天都在尋找路邊畫廊。

一年在同一間畫廊辦兩次個展

當時（二〇〇〇年左右），一年在同一間畫廊辦兩次個展是禁忌（現在可能也一樣）。雖然大家都說「有誰會來看」或「會看膩」，但是我原本的目的就是「遇見路過進來看展的人」，所以不以為意地「每年辦兩次個展」，並獲得了成果。我覺得這個禁忌是從個展只有熟人、朋友或畫廊客人會來看，這個我並不認同的想法為基礎發展出來的。

這種「奇怪的禁忌」有很多，希望各位活動的時候不要去在意這些禁忌。

一樓路邊畫廊的問題點

雖然路邊畫廊可以遇見陌生人，但有一個很大的缺點，就是很難一個人慢慢欣賞作品。由於行人很容易從外面看見路邊畫廊的展示空間，看見裡面有人的時候，也會產生容易踏進畫廊的心理，於是有時候人會一個接著一個走進來。變成這樣的話，空間會顯得吵雜，真正想慢慢欣賞的人有時候也會放棄欣賞而離開畫廊。

我自己舉辦個展的時候，也會希望當「自己的特別客人」正在愉快地欣賞作品時不要有太多人進來。這種時候，為了讓客人仔細欣賞作品，選擇陌生人較難進入的二樓以上或不面對街道的畫廊會更合適。

在舉辦過多次個展，活動擴大之後，或許有必要區分出目的在建立緣分的展出，以及讓客人好好欣賞的展出，依類型選擇會場。

面向人流眾多的道路的畫廊

東京

在畫廊遍布的銀座，由於地價高的關係，幾乎找不到能用一週十五萬日圓的價格租借到的路邊出租畫廊。對東京的創作者來說，在活動初期要尋找能夠展示作品、遇到新客人的會場，我想應該是很不容易的。

不過，我知道根津和代官山等地有面向人流眾多的道路的畫廊。我將自己展出過，或是在找畫廊時認識的出租畫廊記錄在下圖。（我沒有找過所有的畫廊，所以應該會有很多漏網之魚。此外，情勢也會變話。想要開始展出的創作者，務必參考下圖去尋找會場。）

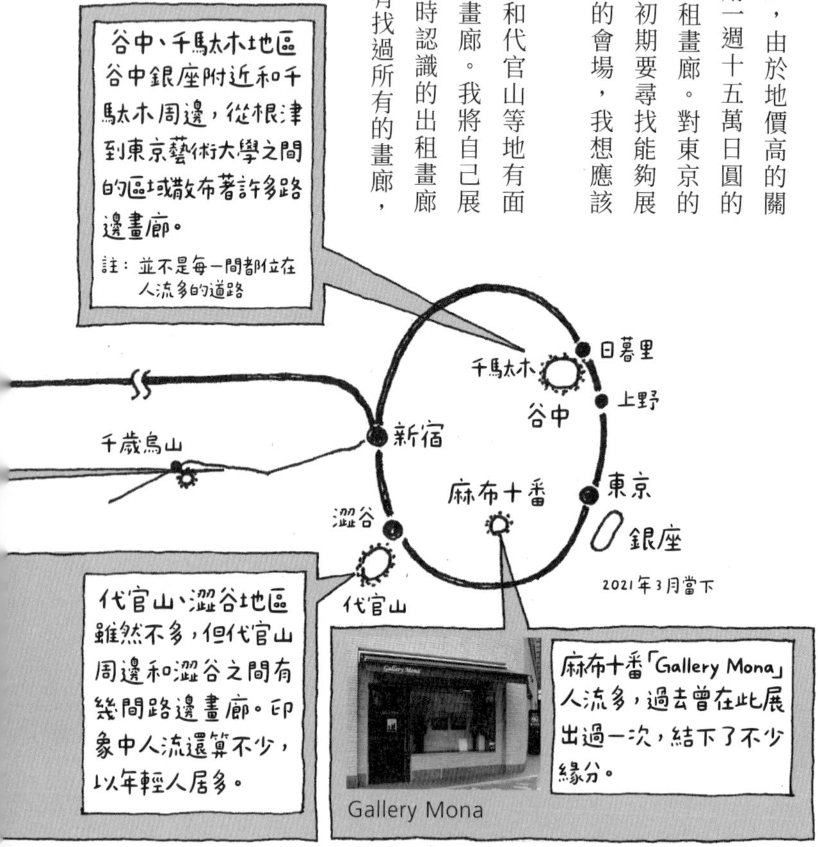

谷中、千駄木地區
谷中銀座附近和千駄木周邊，從根津到東京藝術大學之間的區域散布著許多路邊畫廊。
註：並不是每一間都位在人流多的道路

日暮里
千駄木
上野
谷中
新宿
千歲烏山
東京
麻布十番
澀谷
銀座
代官山
2021年3月當下

代官山、澀谷地區
雖然不多，但代官山周邊和澀谷之間有幾間路邊畫廊。印象中人流還算不少，以年輕人居多。

Gallery Mona

麻布十番「Gallery Mona」人流多，過去曾在此展出過一次，結下了不少緣分。

奈良

在奈良觀光地區的路邊畫廊，可以遇到來自許多不同地方的人，非常有魅力。

奈良町地區
在興福寺和元興寺之間有幾間畫廊。觀光客會在路上悠閒散步，我在這裡展出過好幾次，與來自各地的人結下了緣分。

奈良町物語館

國立「Art Space 88」
位於車站附近的小型商店街，過去在此展出過2次，結下了不少緣分。

Art Space 88

國立

從千歲烏山車站步行7分鐘左右，有一間小型路邊畫廊。

Gallery子之星

Gallery懷美館

「Gallery 磐城」畫廊主 藤田忠平先生的話

「Gallery 磐城」在一九八五年於福島縣磐城市開業，現在仍以一個月兩次的頻率，展出國內外創作者的作品。我稍微訪問了一下畫廊主藤田忠平先生，以下是藤田先生對於經營畫廊的想法（二〇二一年三月向他報告出書的消息時，用電話進行了訪問）。

＊

①包含正處在不確定是否能靠專職創作為生的分界線的人在內，如果創作者能夠引起我的興趣，讓我好奇「這件作品是由什麼樣的人創作的」，或是令我感到驚訝「這種作品竟然是這樣的人創作出來的」，我就會讓他在我這裡展出。

②剛開畫廊的那陣子，經營上非常艱難，但是我實在很想成為幫創作者和喜歡「Gallery 磐城」展出的客人牽線的仲介，所以「深陷」經營畫廊的「泥沼」。

③我只會展示喜歡我的創作者的作品。我認為創作者和我是「一心同體」的。

④客人是提供「讓創作者做自己想做的工作」這項援助的存在。

⑤創作者的成長關係到畫廊的信賴度。

⑥我會寄送介紹其他創作者的ＤＭ給蒞臨過一次的客人，在我的「精心建構」之下，畫廊才能經營到現在。

⑦就算是地區型都市，也存在一定比例的藝術愛好者。

⑧「能夠在當地生活下去」就代表也能夠在都市或其他地區生活下去。

我覺得藤田先生說的話和我的想法非常契合。

①發現作品與創作者（人）的價值，②重視邂逅與緣分，③信任創作者，與創作者同心協力，④不把「購買作品」視為單一事件，⑤透過實績和時間獲得信賴，⑥精心經營畫廊的活動，⑦理解非都市地區的可能性，⑧告訴大家商業的普遍性。

我衷心感謝，能夠遇到一間與創作者一心同體的畫廊。

II … 關於接待客人

接下來要談論關於在個展上遇到的「客人」，我所重視的事項和行動。

1 個展期間本人一定要在場

想創造「自己的客人」，必須要讓客人好好認識創作者本人才行。作品並不是一切。因此，創作者本人一定要待在會場。

此外，觀察客人也可以獲得什麼作品比較受歡迎、會讓人看得津津有味等資訊。想要讓客人認識真實的自己，並且享受個展，不需要用裝好人的態度接待客人。重要是人要在現場，仔細地「揭露」自己。這麼一來，你自然就會遇見與自己契合的人們（請參照136頁「『揭露』自我」）。

2 首要之務是讓客人感到盡興

我認為讓客人「感到盡興」是第一要務。如此一來，客人應該就會連同作品一起，從「我」的想法與個人特色中獲得樂趣。

講得更深入一點，我也會視情況告訴對方我的想法、技術特徵，還有隱藏在繪製作品動機背後的感動。

我接待客人的時候，幾乎不會去思考銷售畫作這件事。因為客人會購買畫作的機率實在太低，而且我不喜歡那種像在推銷畫作的詭異氣氛。我認為在那種詭異的氣氛下，客人會很難好好享受、欣賞畫作。

搭話的方式

踏入畫廊的人大多都會有點緊張。因此一般來說，不要去搭話，客人才能慢慢觀賞，但是就這樣放著不管的話，只要客人不開口說話，彼此之間就不會產生任何聯繫。

於是，我會在客人踏進畫廊的時候，開朗地打招呼說「您好」，然後就先站到較遠的位置，不去打擾客人。當客人看過大約半數的作品時，我就會將DM遞給他，對他說：「這是這

次的展覽介紹。」

接下來的重點就是「不要說話」。在這個狀態下，我們知道客人意識到自己了，因此已經營造出必要時可以由客人主動提問的環境。

客人非常中意的信號

至今為止，我舉辦過許多場個展，賣出過數百幅畫作，於是發現了當客人感到非常中意時身上會出現的變化。這種感覺很難用文章描述，但我覺得可以成為各位舉辦個展時的線索，因此寫了下來。

・客人會變得沉默寡言

・呼吸頻率改變（吸氣的速度變快）

・以中意的作品為起點，在其他幾件作品之間走來走去

這種時候，我想客人的頭腦肯定是在為了處理作品的各種情報而全速運轉，感受著作品，因此在客人開口說話之前，我都會站在與客人有點距離的斜後方看著他。

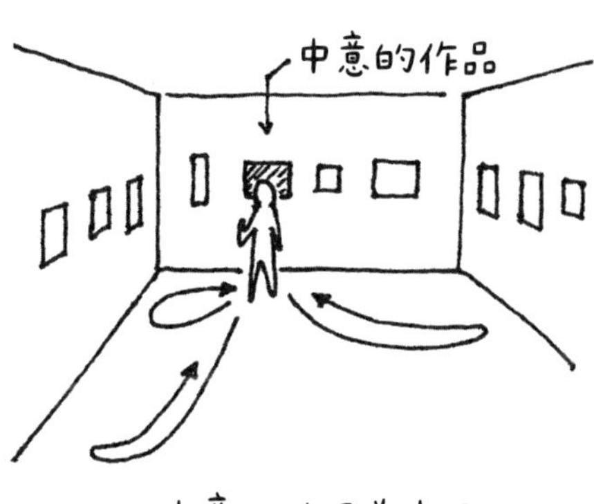

以中意的作品為起點，
在畫廊內走來走去

3 請客人留下住址

就算客人很喜歡作品、對作品產生強烈的興趣，若是就這樣讓客人回去，就只是見過面而已，稱不上「結識」。而我為了讓客人留下住址，花了很多心思構思搭話的方式。最後得出的句子是：

「若是不嫌棄的話，我會將下次展覽的介紹寄給您。」

我站在自己準備好的名冊前，向客人這樣搭話後，大多數對作品感到中意的客人都會留下住址。名冊使用約B5大小、如素描簿般有點厚度的紙張，我會親手在上面畫橫線，標出「〒」的符號（參照下圖）。

此外，遇到客人不願意留下住址的情況時，為了避免留下不好的印象，讓客人愉快地回家，要好好向客人道別。

確認「中意程度」

請客人在名冊留下住址後，我會視情況在住址旁邊記下自己與客人聊了什麼、客人的喜好是什麼等等內容。此外，如果這位客人特別中意自己的作品，我會在住址旁邊標上一、兩個點作為記號。我把這個點稱為「中意程度」。

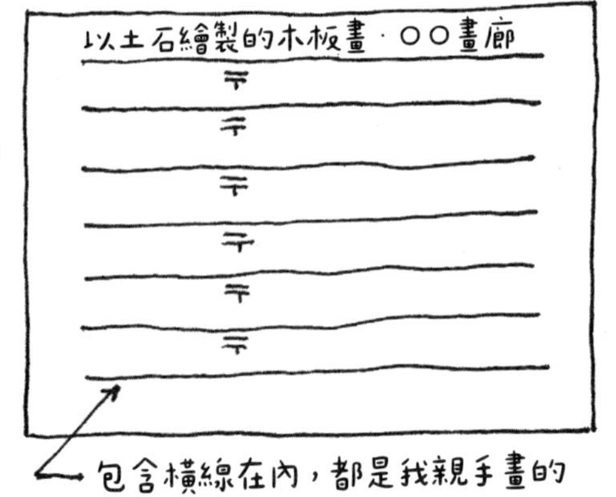

＊名冊的配置請參照P209的照片

往後寄送ＤＭ時，我會考量客人的重要度來決定寄送ＤＭ的頻率。以我的基準來說，如果是標記兩個點的客人，我會持續十年以上，以每年一次以上的頻率寄送ＤＭ。

實際上，確實有不少標記兩個點的客人在十幾年後還來購買我的畫作。

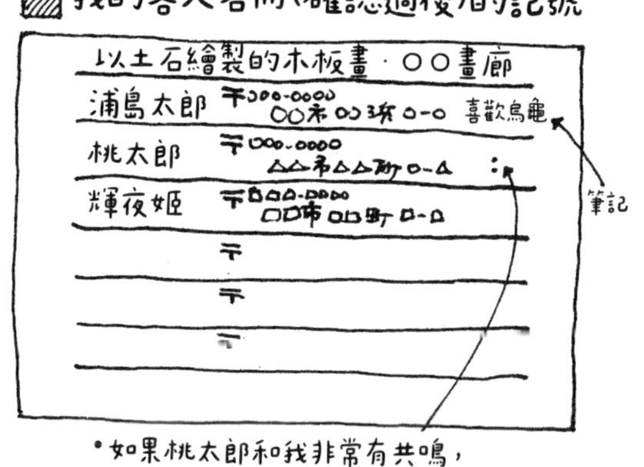

為了更了解客人

如果購買作品的客人願意的話，我會親自將作品送到客人家中。

除此之外，我也曾因為「隔扇畫企畫」等契機，到客人的府上打擾。如果可以的話，這時候請前往客人過年會參拜的神社參拜，或是去當地的超市買買東西。這麼做可以感受到當地的風俗民情，或者說是文化的一部分。

除了與客人交談的內容以外，透過其他管道去了解這位客人的文化背景或價值觀，彼此就能進行更深入的交流。

DM是向客人搭話的契機

在百貨公司的珠寶賣場，想要看看有哪些款式的飾品時，店員都會立刻上前搭話：「請問是要挑禮物嗎？」沒辦法好好欣賞商品，讓我很是困擾（我是如果仔細看過之後覺得喜歡，價格也不會太貴的話，就會直接買下來的人）。

似乎也有很多創作者覺得舉辦個展時，很難向路過進來看展的陌生客人搭話。其中還有些創作者看到陌生人進來，就會一聲不響地躲到後院去。但是這樣的話，當客人很喜歡你的作品，想要購買的時候，也會不知道該怎麼辦。不管是搭話還是不搭話，結果都不太理想。

在129頁已經提過「搭話的方式」，我會在客人大約看過三分之一的展示作品時，開口說「這是這次的DM」，將一份DM遞給對方。盡量從較遠的位置伸手將DM遞過去，然後立刻拉開距離，一言不發地站在客人的視線範圍外，觀察客人如何欣賞作品。

藉由遞DM給對方這件事，可以營造出當客人有問題或需求想詢問創作者的時候，就能輕鬆開口的情境。透過這樣的搭話，基本上就能讓客人慢慢觀賞作品，也不會感覺被置之不理。

要是百貨公司的珠寶賣場，也可以用遞給我今年新商品的傳單這種方式待客就好了。

＊

〈給覺得向客人搭話很困難的創作者〉

不需要說很多話，也不需要刻意堆出笑容。請和平常一樣，站在會場觀察客人（請參照136頁「『揭露』自我」）。

遇到購買作品的客人的機率

我三十五歲在京都的「Gallery F」舉辦個展的時候，對於「經過畫廊門口的人之中，有多少人會走進畫廊」這件事產生了好奇。

於是我在一週內的不同天，不同的時間帶，站在畫廊對面五到十分鐘左右，計算經過的人數和走進畫廊的人數。將結果進行統計之後，得到了「如果有三萬人經過，會有一百五十人走進畫廊，十五人留下住址，一個人購買作品」的數據（現在在意隱私的人愈來愈多，所以留下住址的比例變得更低了）。

從上述數據來看，可以知道遇到購買作品客人的機率有多麼地低，而相遇這件事本身有多麼珍貴。我進行活動時一直都很珍惜這些貴重的緣分。

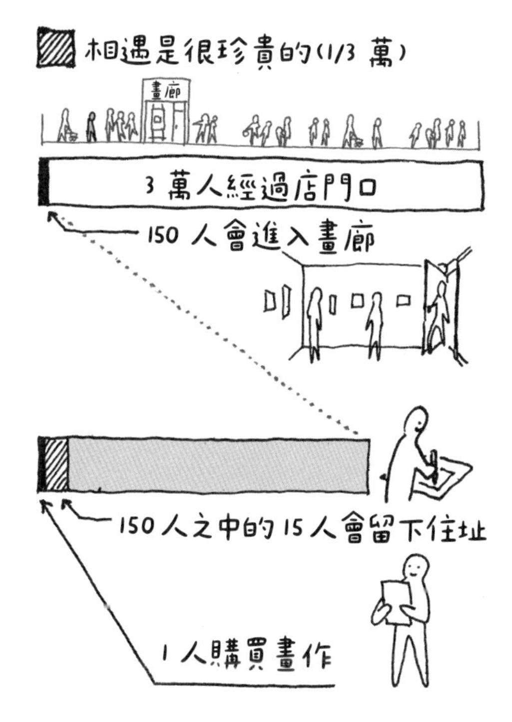

III 獲得客人的思維與技巧

1 「揭露」自我

成為「自己的客人」的客人之所以願意花錢，並不是只看中作品的價值，而是覺得創作者本人也有價值。換句話說，作品和創作者本人都是商品（請參照51頁「好好珍惜購買自己作品的人」）。

如果有意識到自己也是商品這件事，應該就能理解「創作者本人在客人面前展現的樣子」即為獲得客人的重點。我絕不是要各位「裝好人」，而是要各位好好地如實「揭露」真正的自己。

簡而言之，就是自己喜歡的東西就說喜歡，自己討厭的東西就直白地說討厭。

「揭露」自己的感覺很難掌握，因此這裡以超市販售的肉品為例進行說明。假設創作者是肉，而客人是買肉的人。如果將肉擺在白色盤子上，用一張保鮮膜包起來，客人就能安心地選購肉品。

然而，如果用了三層或五層保鮮膜將肉層層包裹，裡面的肉雖然很安全，但客人無法看清楚內容物，就會覺得用保鮮膜層層包裹起來很可疑，不會想購買那份肉。這就是過度保護自身的安全，沒有將想法率直地傳達給對方，或總是在虛偽陪笑的狀態。

反之，如果直接把肉放在白色盤子上，沒有包保鮮膜的話，容易沾染灰塵、吸引蚊蟲，客人也沒辦法確定肉和那個盤子是不是一組的，所以不會購買。這就是採取將自己的想法強加於人的表現或表達方式的狀態。

買肉的時候，我們會只看一眼就對肉好不好吃、新不新鮮等各種要素進行判斷。只用一張保鮮膜包起來，才能成為我們判斷要不要買、要怎麼樣的候選對象。

「揭露」的示意圖（超市販售的肉）

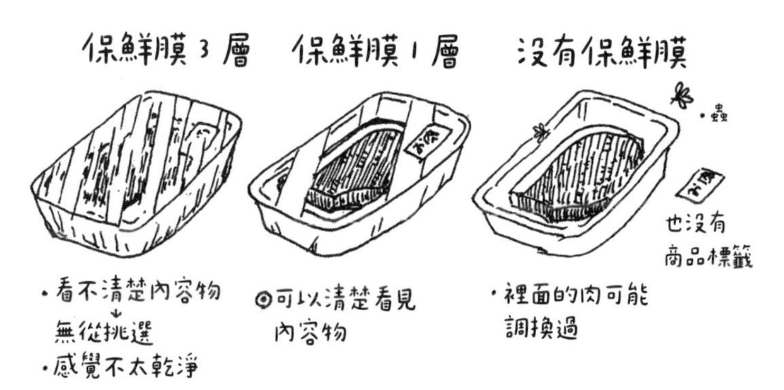

在透過自己的作品結識客人的過程中，掌握這種「揭露」自己的感覺是非常重要的。如果可以好好揭露自己，就能遇到更多重視這個坦誠的你的人，創造出許多「自己的客人」，並加深彼此間的關係。

如此一來，你就能夠與社會上各種立場的人們對等交流，與對方聊到更加寶貴的價值觀話題。

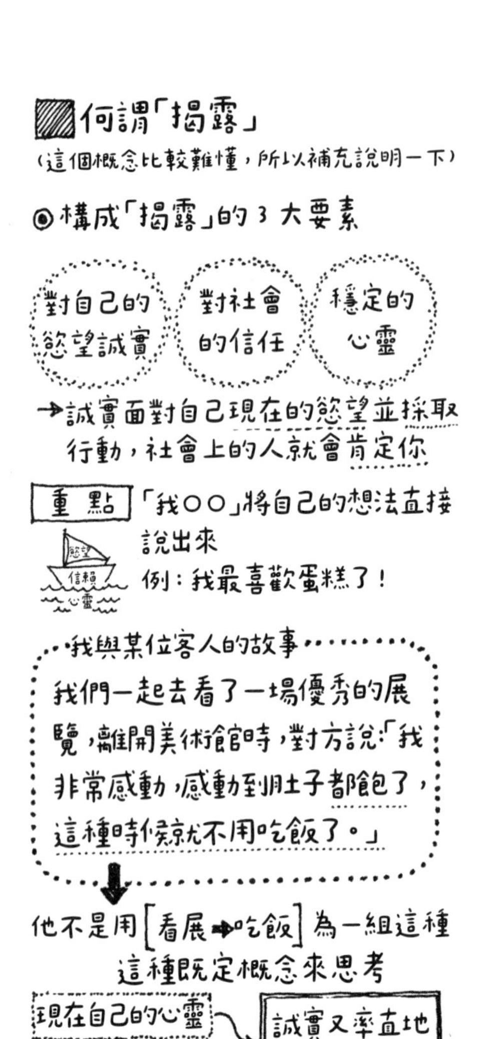

不需要陪笑

我在個展會場不會對客人「陪笑」。在個展這種場合，我想與人率直地交流價值觀，因此不會進行平常和朋友聊天那種以和諧為前提的對話，而是努力去接觸對方深層的想法。

要是在這種進行敏感對話（價值交流）的場合陪笑臉，現場的氛圍以及情報的可信度都會蕩然無存，這樣就沒辦法針對寶貴的深入價值觀暢談了。

味道相同的餐廳的故事

這是一個要讓大家實際感受到「人」多麼有價值的故事。假設有一間料理非常美味的餐廳，你很喜歡那間店，所以經常去用餐，成了常客。

雖然只是假設，但我想請各位想像一下料理的味道完全一樣，但是主廚換人做的情況。你還會去那間「由別人掌廚，做出同樣味道料理的店」嗎？

如果你覺得提不起勁去，就表示你是從主廚這個「人」身上看到價值。比起料理的「味道」，我認為「人」更加重要。

2 讓緣分成長

即便辦了個展，結識了各式各樣的人，如果放著不管，就只是認識了很多人而已。要讓客人成為與你產生共鳴、為你的活動提供支援的「自己的客人」，花時間讓緣分成長是很重要的。

為了讓緣分成長，我會對對我感興趣的人做以下兩件事情。

①一年寄送一次DM

②在DM上寫一行字

舉例來說，在我三十歲出頭，還只在關西與東京舉辦個展的時候，就已經在京都的個展上結識了來自札幌、仙台、名古屋、福岡等還沒舉辦過個展的地區的人。在通常情況下，大家都覺得只要在個展舉辦場

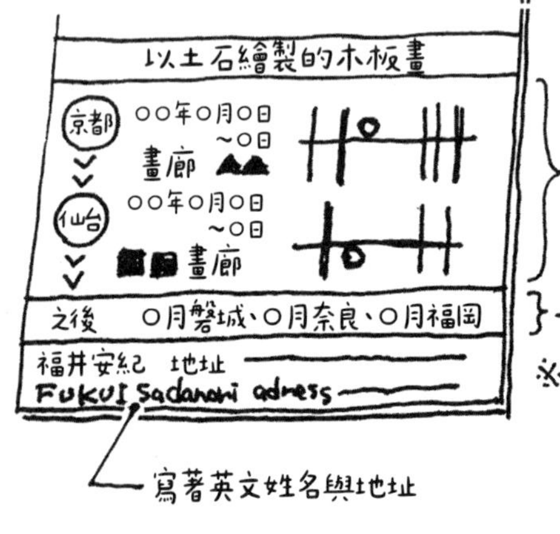

• 只有在京都等處的出租畫廊舉辦個展的時候，會連下次的展出資訊也清楚標示。

• 記載接下來幾個月的預定行程

※在京都等觀光地區會遇到來自各地的人，形成客人再次蒞臨看展的契機

地位於客人居住地區附近時寄送DM就好，但我若覺得這段緣分很重要，就會像近況報告一樣，以一年一次左右的頻率寄送在東京或京都舉辦的個展DM給他們。

這樣一來我就不會忘記對方，同時我心裡也懷抱著希望對方不要忘記我的願望。邂逅和緣分會隨著時間加深。

緣分有時候會透過購買作品或委託作畫而牽起來，雖然其他類型的情況更多，但如果廣義而言，我的人生能為大家帶來樂趣的話，我會感到很開心。

為了用這個方式寄送DM，當客人在名冊上留下聯絡資訊時，一定要評估緣分的重要度（客人的中意程度）並留下記號（詳情請參照132頁「確認『中意程度』」）。

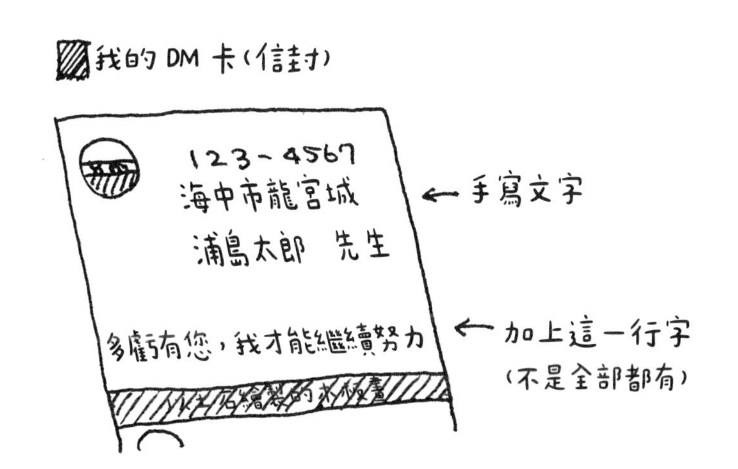

不寄送感謝函

我不會寄送一般的卡片感謝函。其中一個原因是，在一次個展就會有三十至一百人於名冊留下住址，寄送感謝函需要耗費不少力氣。還有，我去看其他創作者的個展時也會收到印刷的感謝函，但這總給我一種流於形式的感覺，我覺得客人收到感謝函不一定會開心。

會手寫感謝信給購買作品的人

我會寄感謝信給購買我的作品的人，或是對我特別感興趣的人。

我會在心裡想著對方，隨心所欲地寫下文字，有時候還會配上插圖（目標是成為不會被丟掉的信）。

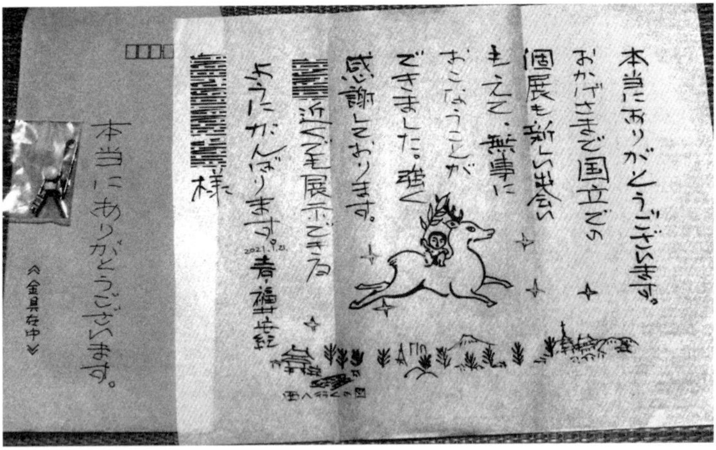

實際送出去的感謝信

這時我畫了與客人購買的作品有關的插圖。左邊是壁掛用的掛鉤。

關於心跳頻率

我在接待客人的時候，會努力讓自己的心跳頻率與對方一致。

在為期一週的個展前半期，由於還很有精神，所以能夠讓自己的心跳頻率變得和客人一致，但是在個展後半期，或沒有順利結識客人的時候，我的情緒會變得消沉，有時候就會沒辦法加快心跳頻率。

我覺得要是情緒消沉，就更沒辦法結下好緣分，所以會做一些事情來強制提升自己的心跳頻率。那就是「小跑步」。我會小跑步到附近的蛋糕店之類的地方買點心。回到畫廊的時候，心跳頻率就變快了，這能讓我更容易去配合客人的心跳頻率。

自己人生的一切都是有價值的

在二十幾歲和三十出頭時結識的「自己的客人」之中，有幾位至今仍與我保持著交流。我一直都在體會那種透過繪畫結下的緣分持續二十年之久的喜悅。在這段漫長的時光中，曾有過我不在狀態的時候，也有過客人生病或受傷的時候。

由於是「人」與「人」的交往，就算狀態不好，關係也不會就此消失，跨越了這麼漫長的歲月之後，我覺得它好像昇華成了某種回憶。感覺這些緣分好像在與我共鳴，包含我好的一面與壞的一面。對方能從我的整個人生中得到樂趣這件事，讓我覺得很幸福。

3 活用社群平台

在社群平台的部分，我主要是使用 Facebook（以下簡稱臉書），也會稍微使用 Instagram。

在臉書上，我主要會發一些日常繪製作品的情景，或是自己感到美麗的日常一景。我感覺在臉書上發文的行為和舉辦一場個展是一樣的。有時候會有陌生人送來交友邀請，增加臉書好友的人數，遇到我覺得很棒的人時，我也會主動送出附帶訊息的交友邀請，臉書上的全新交流和共鳴就此產生。

在每天關注彼此的發文內容、

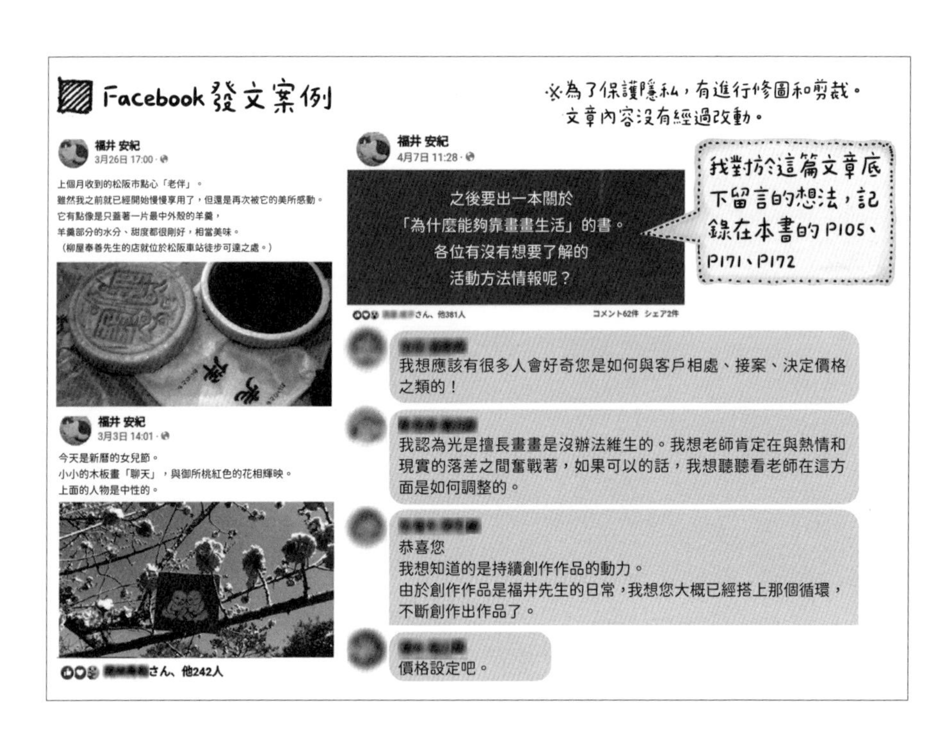

進行交流的過程中，有人會實際前來我的個展，偶爾也會有人來購買我的作品。

作為一種結識陌生人的工具，我覺得利用社群平台是非常有效的手段。

我在發文時留意的事情是，要和實際的個展一樣「揭露自己」。保持著覆蓋一層保鮮膜的超市肉品狀態，為了撰寫出率真又穩定的內容，我隨時都在思考表達的方式。具體而言，就是發表日常的美麗發現，避免出現與政治或宗教相關的內容。

4 讓人想要支持的特色

客人會從作品與創作者這兩者之中看到價值。先前也提過，「第二次購買作品時，客人會把重點放在創作者的價值上」。接著就要來具體地談談，關於這份價值的細節我自己考察後得出的結果。

關鍵字是「讓人想要支持的特色」。

在考察靠繪畫生活的創作者們的活動主軸和態度時，我發現了一個共通點，那就是，為了「歷史文化的一部分」而展開活動的想法。

舉幾個創作者的例子。

・現代的京都町繪師——以彈性的態度，為委託人量身打造，表現方式廣泛。

・現代的琳派——將現代日常生活中的事情融入日本畫，表現方式摩登。
・運筆的復興——以毛筆線條之美作為表現的基礎，窮究東洋畫之美。
・寫生動物畫——將日本特有的寫生方式下的生物的動與靜，用現代的方式表現。

這四名創作者都是用一目了然的表現，將這種歷史文化要素昇華成作品。我自己用土石繪製木板畫的活動，也包含了想要體驗原始的日本畫或古墳時代繪畫方式的想法，雖然很古早，但也有為了「歷史文化的一部分」這份動機。

像這樣於現代復甦歷史文化要素的活動，就連不會畫畫的一般人也很容易理解活動內容並提起興趣，似乎已經成了一種能展現出魅力的主題。

以此為根據，從你的創作主題中找出符合「歷史文化的一部分」的要素，深入挖掘那個主題，想必可以讓你的活動變得更有魅力。

當然，我認為在歷史文化以外也存在讓人想支持的特色。其中也有一些是艱深的抽象概念，甚至難以化為言語。無論如何，如果你能找到自己「讓客人想支持的特色」，我想你的活動就會變得更有說服力，容易為各式各樣的人所接受。

背負歷史，就會令人莫名想支持嗎

(假說) 人的潛意識存在

- 想好好珍惜過去的事物
- 有消失的可能，所以想要守護

這些想法

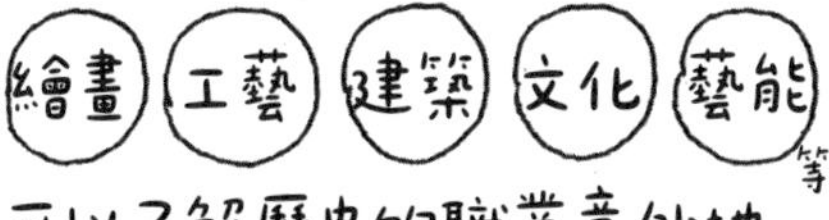

可以了解歷史的職業意外地很少

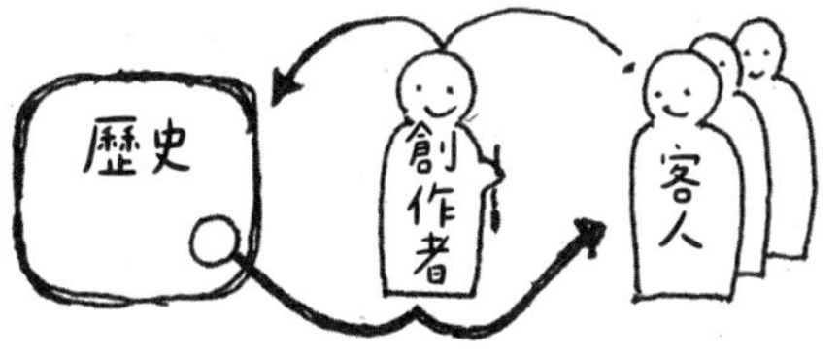

- 客人透過創作者享受並拓展歷史
- 創作者透過自己與歷史的接觸點發現並提供新的價值

→ 客人非常滿足 ▶ 想支持

關於地區特色

由於我會在很多地區舉辦個展，所以經常有人問我：「不同地區的人對畫作的偏好會不同嗎？」

每個人對繪畫的偏好都很不一樣，所以很難感受到地區特色，不過有些繪畫表現在京都受人喜歡，在東京卻不受待見。簡單扼要地說，運用三角鱗紋或龜甲紋的畫作在京都受到歡迎，在東京卻不太吃得開。經過考察後，我得出了一個難以解釋的假說。

以菊花的和菓子為例。每個地區各有不同特色，東京的造型重視真實感，而京都較重視省略。

東京喜歡精巧的花瓣呈現，中心的黃色花蕊也很有真實感。通常還會做出菊葉的形狀；而京都則有不表現出花瓣的上用饅頭菊花。中間稍微壓出凹陷，放入

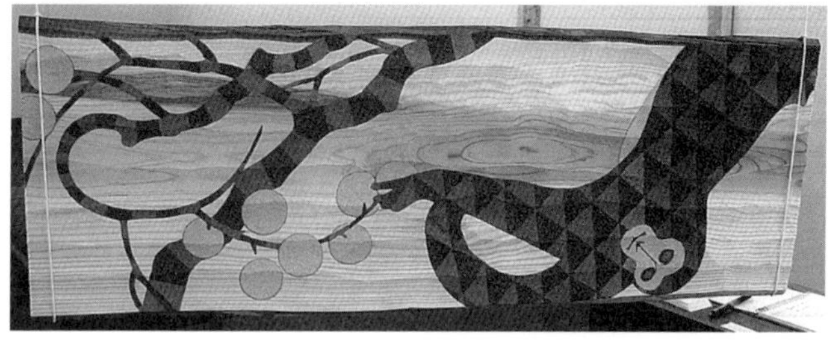

上：因為松樹樹幹的紋路很像龜殼，所以我用六角形的紋樣來呈現。
下：我想要展現猴子的生動感，於是用鱗紋來呈現。

一點黃色東西。京都似乎喜歡經過省略的菊花。也有一些會用綠色色塊來呈現葉子的意象（用明顯的縱向刻紋來表現菊花的類型，在每個地區都占很大的比例）。

另外，我最近才得知每個地區的「雛霰」（譯註：日本女兒節時會吃的一種零食）口味和製法各有不同，實在是非常有趣。比較自己居住地區和其他地區的和菓子表現傾向，或許能夠發現該地區的某些特色。

逛逛各地的超市

我在各地舉辦個展，或接受委託前往外地作畫的時候，會去觀察該地區的超市。因為我認為，盡量造訪紮根於該地區的店家，可以感受到該地區的飲食文化和一部分的價值觀。我會重點式地觀察吐司、味噌、乾貨、零食的賣場。

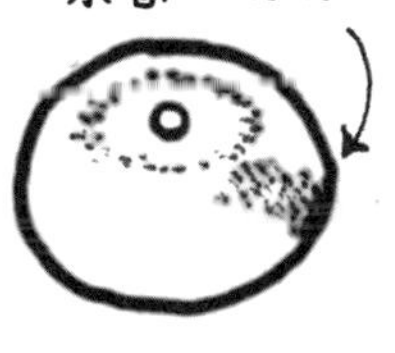

在秋田的超市看到的「零食寒天」，以及在福岡的市場看到的「乾燥竹筍」。

IV

目標是擁有三十名「自己的特別客人」

想要靠繪畫為生，這一點非常關鍵

① 僅僅三十人

如果你不斷舉辦個展，就能夠結識許多的人，在這些人之中，有些人會購買你的畫作。我想這其中也有一些人，會在別場個展上再度購買你的畫作（＝回購）。

我會將這些「購買自己畫作兩次以上的人」視為「自己的特別客人」。

從經驗上來看，當「自己的特別客人」達到三十人左右的時候，大概就可以靠繪畫為生了。由於這些「自己的特別客人」是從創作者身上看到價值，所以長期支援未來發展之活動的可能性很高。而且這些客人還會幫我們介紹新的客人或新的展出會場。

三十名「自己的特別客人」聽起來也許很少，但實際上有三十人的話，還會獲得不少除

有30名「自己的特別客人」的背景示意圖

了這三十人以外的潛在客人，大概還能獲得只購買一件作品的客人、心裡想要購買作品但還沒出手的客人、正在考慮委託創作者案件的客人等等。這三十人只不過是冰山一角。

若是達到這個狀態的話，應該幾乎每一場個展都能夠盈利，包含偶爾接到的委託在內，也能賺到或許只是低空飛過但足以維持生活的錢，得以專注於繪製作品。

算一算你現在有幾名會回購自己作品的「特別客人」，我想你就會知道自己目前究竟多接近能夠專職活動的狀態。三十人這個人數，就是我以平均價格約五萬日圓進行活動時的人數。實際上，三十人這個人數會依作品的單價而有所增減，但還是希望大家當作參考。

如果你已經辦過很多次個展，「特別客人」卻沒有增加，我想很有可能是存在一些根本上的問題，比如你舉辦個展的會場很難遇到新客人，或者太少寄介紹卡給過去結識的客人等等。

而達到三十人之後，依然要繼續創造自己的客人，這一點很重要。因為環境每分每秒都在變化，要時時尋求與自己的客人相遇的機會，並好好珍惜這些緣分。

2 主流與地下（獨立）

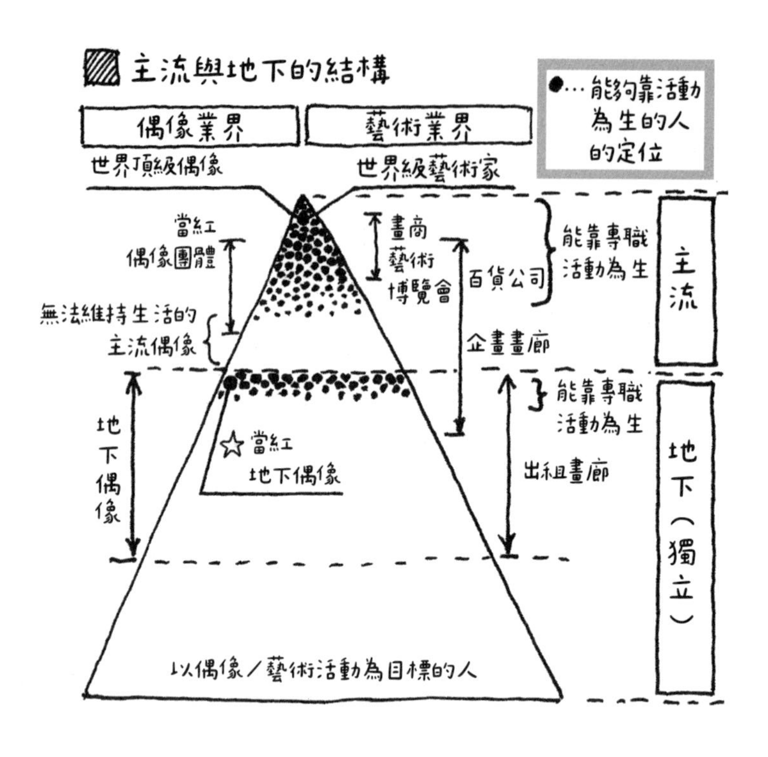

＊這裡將不從屬於主流團體的活動狀態稱為「地下（獨立）」。

我想應該有很多想要靠創作活動生活的年輕創作者，認為成為主流是通往成功的捷徑。

以歌手來說，主流就是從屬於演藝經紀公司，歌手的經紀事務由公司負責的狀態。然而，並不是所有主流體制下的人收入都很豐厚，足以維持生活（我曾見過在主流體制下發行了數張CD，月薪卻只有約十萬日圓的歌手）。

在主流世界的底層，實際上似乎是難以維持生活的。不僅如此，還有很多公司會有活動內容或範圍上的限制，活動自由度低。

從上述內容可以了解到，成為主流就可以靠繪畫生活這種想法，實在太過天真。

請各位將焦點放在地下（獨立）的世界。地下世界是梯形的，只有像布丁淋上焦糖醬的頂部屬於可以靠專職活動為生的區塊。而在地下世界，可以單靠自己的努力提升地位。

和前面說的一樣，我認為提高自己的純度，發揮巧思，藉由累積活動經驗磨練技術，就能爬到還算不低的位置。再加上人脈的連結和緣分，應該就能抵達焦糖醬的位置。

我認為在靠個人努力能達到的範圍內，不存在保證能進入主流世界的方法。因為，當企業或經紀人認為支援該名創作者的活動一定能夠賺到更多錢的時候，該名創作者才有辦法進入主流的世界。

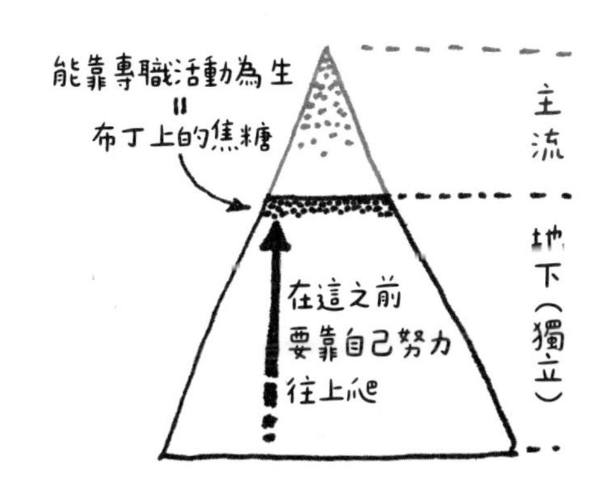

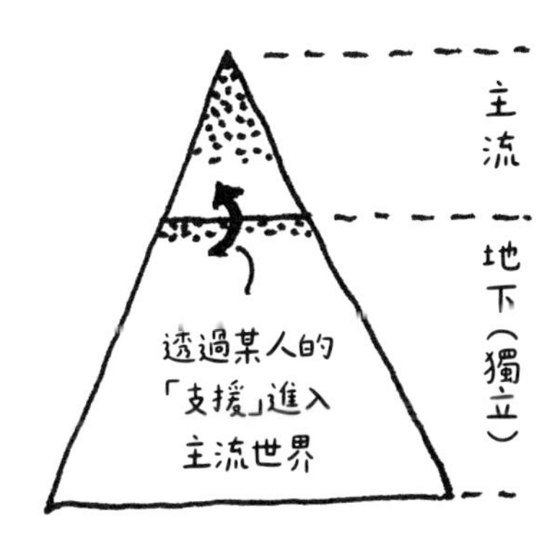

把當紅地下偶像當作參考對象

幾年前，有一檔深夜電視節目做了地下偶像的專題，我對此很感興趣，於是看了起來。在地下偶像之中，存在著能夠靠地下偶像活動為生的「當紅地下偶像」，我記得節目內容就是跟拍了該名偶像的活動。

節目中介紹了那名「當紅地下偶像」租借舞台、販售門票、舉辦演唱會、販賣周邊商品的情況。而她藉此賺到了充足的生活費。我覺得這位「當紅地下偶像」的活動，與我這種租借畫廊、展示並販售作品的畫家有相當多的共通點。

偶像業界這種主流與地下的結構，在藝術業界裡也有。可以分為以畫商、有影響力的企畫畫廊或藝術博覽會為主體的主流活動，以及不屬於此類的地下活動。我覺得「當紅地下偶像」的活動能作為一個參考，幫助各位成為靠全職繪畫為生的「當紅地下畫家」。

觀察「當紅地下偶像」的例子，會發現與主流偶像相比，地下偶像與客人的距離更近，客人更容易產生「我在支持對方」的滿足感。前面提到的電視節目，還有拍到下面這樣的場景。

偶像打著「敲竹槓周邊販售」的名義，將一百日圓的T恤以一千日圓的價格販售，而粉絲還前仆後繼地購買。也賣出了許多沒有簽名、沒有商標、在自己家裡拷貝的素面CD。採訪的記者詢問購買的粉絲「這種素面的CD能讓你感到滿足嗎」之類的問題，而該名粉

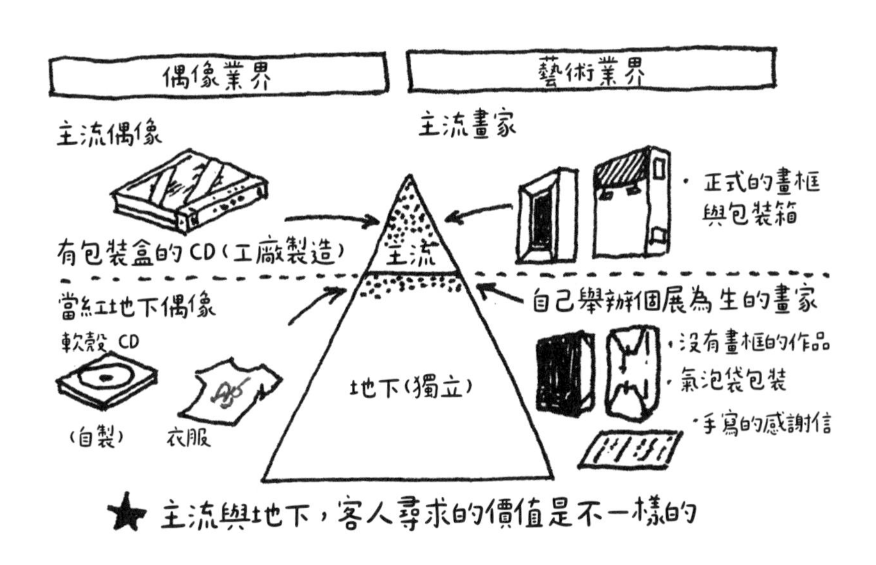

絲堅定地主張：「這個素面CD是在她房間裡，與她每天夜裡睡覺的鼻息一起拷貝出來的神聖物品。」（「北野武的TV擒抱」播放時間：二〇一五年十二月七日）。

我覺得非常有參考價值。

雖然表達方式有點奇怪，但「她每天夜裡睡覺的鼻息一起」製造出來的CD是地下偶像的魅力，與主流世界那種在工廠製造出來的正式CD有著不一樣的價值。

這種近距離的感覺和街頭感，就是人們在地下偶像身上尋求的價值內容。

包含我自己在內，大多數非主流畫家的作品也是「每天夜裡」在自己的畫室（生活空間）之類的地方繪製出來的，

作為一名地下畫家，有價值的東西是什麼？
（相當於有價值的素面CD的東西）

作品
- 只有自己喜歡的東西
- 在日常生活中莫名受到感動的事
- 此刻突然浮現在腦海的東西

講究、執著、心血來潮、妄為
→最好是看在他人眼裡像徒勞的表現

活動
- 準備不齊全也沒關係
- 好好展現真實的你
- 利用與客人的近距離感規劃企畫或展出

只要以讓客人獲得樂趣一事為中心進行思考，應該就能想到很多

- 沒有得到所有人認可也無妨 → ・新的邂逅

→你最喜歡的事物會產生說服力

這個時代還能運用社群平台
有利於地下活動

比起完美的作品，雖然不完美但留下努力痕跡的「充滿人情味的活動」本身應該更有價值。

因此我們這些非主流畫家，也只要創作出相當於「有價值的素面CD」的作品即可。

我始終認為，價值會從創作者的日常和率真的心之中產生。它並不是獲得所有人一致贊同的東西。當創作者揭露「真正的自己」時，與創作者產生共鳴、從創作者身上看到價值的人就會出現。獲得強烈共鳴是最重要的，即便數量不多。

我們很容易會用主流世界的價值觀來看待作品與活動，但事情並不是這樣的。

我認為展現出畫家「真正想做的事」或生活態度的作品，才是人們從「地下畫家」身上尋求的價值和作品風格。

也可以參考不同的業界，想像一下我們的活動之中有價值的東西是什麼、支持你的人真正想要和喜歡的是什麼，如此一來或許就能發現自己尚未察覺的要素。

獲得30名「你的特別客人」的重點（統整）

1 初識的時候是產生共鳴的最大機會

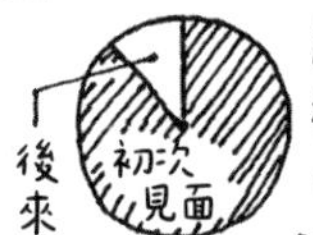

能夠獲得強烈共鳴的時機點，初次見面感覺就占了80%左右（福井調查）

→珍惜每一次相遇

2 好好「揭露」，讓客人從自己與自己的作品中得到樂趣

★一定會有人被真正的你吸引！

你的姿態、心靈、服裝、話語、文字、作品、喜歡的東西都是「真正的你」嗎？請適時確認

→客人的回購率會變高

3 持續尋求新的緣分

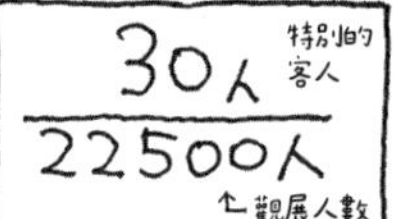

以我的活動來說，回購率是20%，所以若有22,500人來看展，就會遇到30位特別的客人

◎重點在於踏實地舉辦能夠結識新客人的個展，持續創造邂逅的場合！

4 維持高純度，創作出有自己的美的作品

純度的部分請參閱P168

- 自己持續變化的心
- 真正想做的事
- 只存在於當下的美

主流的煩惱

有些人在演藝圈主流出道時，會相當煩惱「活動方向性」。

「要是完全依照公司經紀人的指示工作，就要扭曲自己的想法。如果完全按照自己所想的去做，又可能會接不到工作。不過，也有一些依照指示工作的同期或前輩偶像消失在螢光幕前。」

別人期望的樣貌與自己想成為的樣貌容易出現落差，或許也是主流的一大特徵。

關於「出名」

你或許有過受到媒體報導，突然就成為名人的經驗。此時你的個展應該會有許多陌生人蜂擁而至。

遇到這種情況，我希望大家注意的重點是，要從這突然間湧入的大量緣分之中找到會成為「你的特別客人」的人。當熱潮退去，大量的緣分就會消失無蹤。尋找在真正意義上與你的價值觀或想法產生共鳴的人，是很重要的一件事。

我想，即便大多數的人都離你而去，你和那個重要的人還是可以維持長久的關係。

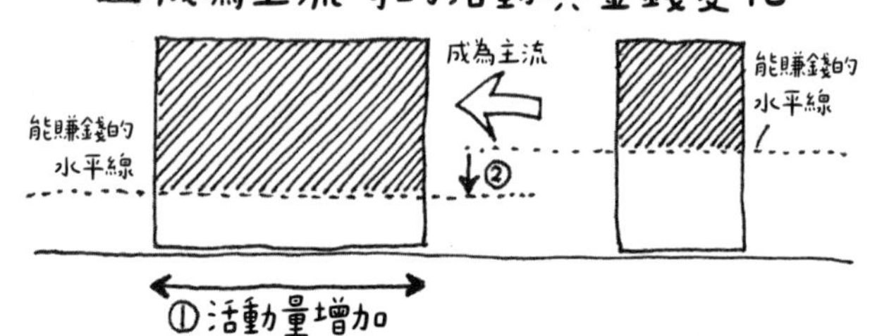

非主流畫家才能做到的事

基本上，我一直以來都是作為一個非主流的地下畫家、獨立畫家，自己安排自己的活動，自由發展。我沒有與畫商合作，所以活動的量和方向性都是自己決定的。我每一次都會挑戰並繪製當下的自己想畫的東西。此外，遇到直接找上門的委託，我也會馬上處理。

我認為自由度就是非主流活動的最大優勢。我利用這個自由度進行了各式各樣的活動，結下許許多多的緣分，讓活動擴展得愈來愈大。

統整如下：

1. 趁新鮮直接追求自己想畫的「美」（不執著於特定的主題）
2. 在觀光客眾多的京都路邊畫廊展出
3. 在容易遇到新客人的出租畫廊一年舉辦兩次以上的個展
4. 在全國各地展出
5. 自己管理名冊，寄送導覽卡或信件給重要的客人
6. 同時在社群平台（主要是FB）上活動，拓展遇見新客人的機會
7. 發起「隔扇畫企畫」，為客人創造新的入口
8. 舉辦「討論會」或技術方面的講習會，傳達自己的想法

要像主流世界那樣靠大型企畫提高知名度，或以大量客人為對象是很困難的。但是我認為，進行規模小但多元的活動非常重要。

我的選擇

無論是主流畫家，還是非主流畫家，只要能夠專心進行自己想做的活動，我認為選擇哪一邊都很好。

主流的活動並不是光靠個人努力實現的，而是要透過認為支持那個人可以做出更大事業的人或組織，將那個人拉到主流世界。雖然收入有可能變多，但另一方面，自由度也會變低，這一點前面也提過了。

在理解這些事情之後，我就決定盡量在非主流的地下世界努力。我在繪畫這件事上最重視的目標，是成為「支撐未來人文化力的一顆小石子」。因此我認為必須要在日本各地留下大量的作品。我想要透過大量的點子和技術，表現從自己瞬息萬變的想法、心意、現代社會傾向而生的「美」。

我希望這種時候，價格的決定權（主要是不漲價的權利）掌握在自己手上，希望在我有生之年，都可以與購買作品的人、委託我作畫的人維持「直接」的接觸。此外，我也想要保持靈活的反應能力，即便接到明天就要開始作畫的委託，在可以安排出時間的情況下，我都可以毫無顧忌地立刻開始畫。

如果能夠像散播種子一樣，將大量的畫作傳遞到日本各地，我想其中肯定會有幾個作品幸運地跨越兩百年歲月，傳遞給未來的人。那個未來會怎麼如何評價現在這個時代呢？我對此充滿期待。

為了成為「支撐未來人文化力的一顆小石子」，我會作為一個非主流畫家，努力繪製許多畫作。

正因為不從屬於任何組織，才能自由地和大家分享我學到的實踐知識和技術，舉辦「討論持續創作活動的要點之會議」和「在寒冷空間中也能作畫的水干顏料調合方法」等等（請參照216頁「技術資料」）。雖說如此，我還是非常感謝可以得到把我的活動內容和想法寫成書籍、某種意義上在「主流世界」活動的機會。

希望各位可以運用目前為止本書記載的想法和各種手法，活用你的自由度，構思一些方法，去獲得「你的客人」。

不可能湊巧在一場個展上結識大量的客人，所以要藉由不斷累積在個展上相遇的緣分，讓「你的客人」愈來愈多。

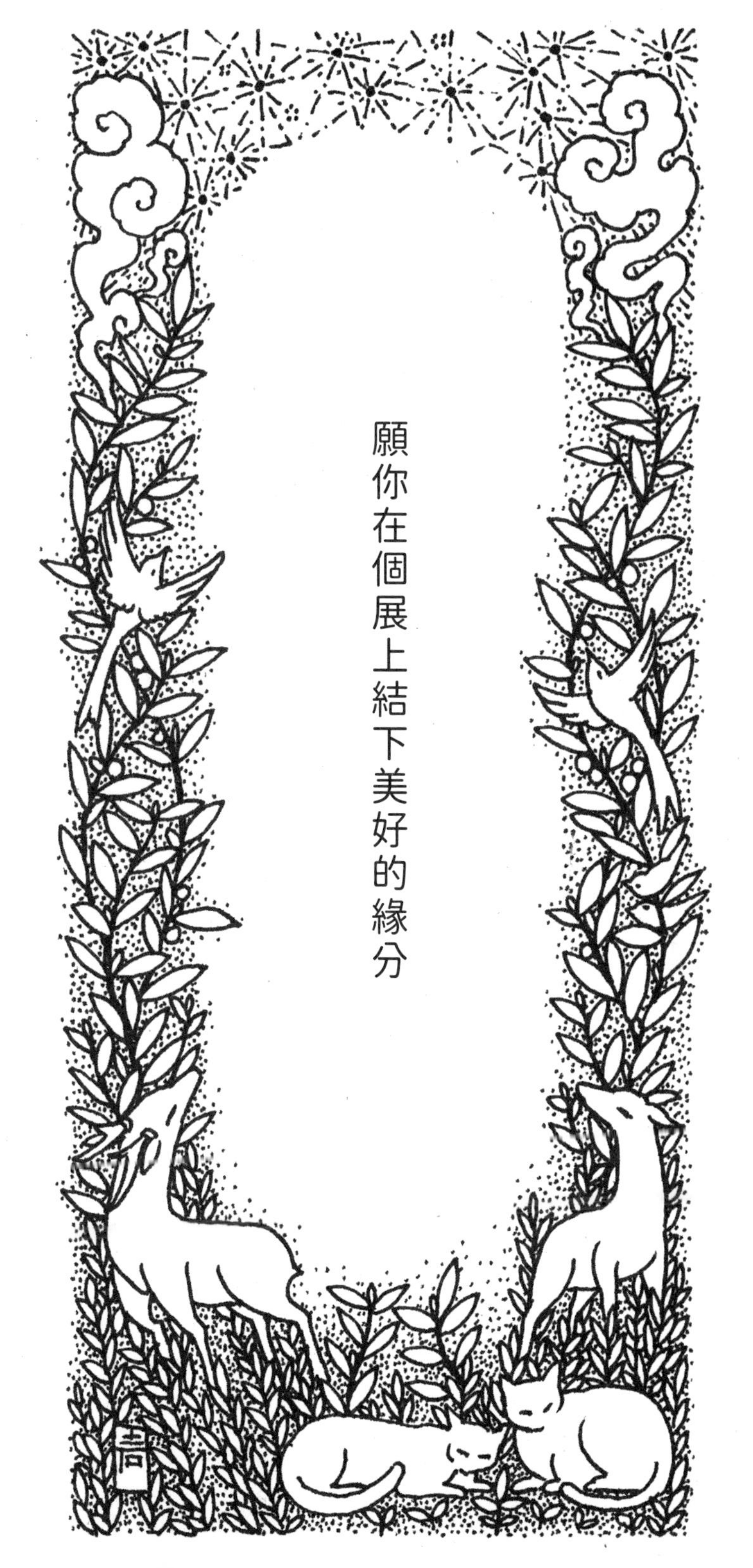
願你在個展上結下美好的緣分

處在這個因新冠疫情等因素而動盪的社會

即便希望社會穩定，世界依然無時無刻都在變化，有時候還會發生巨大的變動。不僅是過去的大型災害或疫情，未來也會發生事情，對此我已做好心理準備。即便如此，我還是很重視「創造出當下每一刻的美」。有時候，我會以記者的視角，用繪畫等形式將發生的事件擷取出來，傳遞到現在與未來。有時候，我又想要創造出可以成為心靈小小支柱的可愛東西。

一想到身為創作者的先人們當時應該也在不斷努力，我心中就會湧出一股溫暖的力量。接著就來回顧一下，過去發生變化時我做了哪些事。

三一一大地震（東日本大震災）

三一一大地震發生的時候（二〇一一年），我和現在一樣住在京都，只從新聞得知發生了大災難。過了一段時間之後，我聯繫了住在東北地區的客人，並前去拜訪曾經關照過我的人。

立於原野（素燒）

像羅漢又像地藏菩薩的土偶

接著，我開始製作類似陶土羅漢或地藏菩薩的作品。雙手擺出於胸前合攏朝上的樣子，手掌部分變成一個小小的平台，可以在上面供奉天竺子或米粒。我做了大約五十座。陶土沒有經過燒製，而是直接風乾（覺得加水之後還原為土也不錯）。

我順利將這些陶偶送給好幾個人。之後，又下定決心製作素燒的陶片「立於原野」，至今仍在持續製作。

新冠疫情①

二〇二〇年二月左右，不同以往的陰暗氣息也蔓延至京都的街道。一直關照我的「Art Gallery 北野」也開始陸續收到原本預定展出的創作者要取消展出的消息。

於是，我為了稍微提振一下街上行人的心情，利用因為取消展出而空出來的一週，用油漆藍色帆布墊上畫出巨大的生物、強大的生物，然後直接拿來展出，辦了一場與平常完全不一樣的展。

在藍色帆布墊上畫的阿瑪比埃

「畫出巨大又強大之物」展（創作情景）

我懷著「希望能把豪邁作畫的樂趣傳達出去」的想法，用三天的時間畫出數量足以鋪滿畫廊牆壁的畫作，進行了展出。

令人意外的是，我在這次展出遇到了委託我製作隔扇畫的人，於是在四月時，有幸繪製了從江戶時代起就是尾形光琳和乾山尾形家菩提寺的「泉妙院」的隔扇畫，實在是非常光榮。

此外，在這次展出中，客人告訴我「阿瑪比埃」（譯註：日本傳說中的人魚形生物。能保佑豐收，祛除瘟疫。）的存在，於是我便馬上用油漆在藍色帆布墊上畫出了阿瑪比埃。掛在櫥窗前的阿瑪比埃因為還很新奇的關係，很多人都拍下了它的照片。

新冠疫情②

到了二〇二〇年四月中旬，封閉感變得更強，四月、五月預計要在京都、福岡、明石舉辦的個

泉妙院的隔扇畫「雙龍圖」 搭配光琳「紅白梅圖屏風」的構圖。

陶片阿瑪比埃

展也延期了。在這個時期，愈來愈多人知道「阿瑪比埃」的存在。與三一一大地震時開始製作的「立於原野」陶片一樣，我決定要用陶土做模具，製作「陶片阿瑪比埃」。我花了一天用陶土做出模具，風乾後進行素燒，再用這個模具量產阿瑪比埃。然後在臉書上以567（日語與「新冠」諧音）日圓的價格招募希望。同時，我想把這些收益捐給曾經稍微關照過我、展出接連被取消的出租畫廊。

以結果來看，在一個半月之內賣出了大約一千個，讓我可以捐助比預想中更多的金額給出租畫廊。此外，這個「陶片阿瑪比埃」帶給了許多人樂趣，我也透過這個活動在臉書結下了許多新緣分，意義非凡。在這次結識的人之中，也有後來委託我繪製木板畫的客人。

這讓我再次體認到，將各種活動串聯起來，就能夠遇到新的「自己的客人」這件事。

關於美①

從日常中尋找美

大自然中的生物、光線和雲朵中，當然具有許多美的要素和線索，但我一直都在關注料理或糕點的「表現」。

會讓人心動，覺得「好像很好吃」，應該是有某種原因才對，我認為其中隱藏著許多美感表現的線索。從經驗上來看，食材的顏色和外型是很重要沒錯，但我覺得與「觸感」有關的部分似乎充滿了新的線索。觸感的種類多到光用言語是形容不完的，光是能將其中一種觸感用繪畫表現出來，我想你就確實掌握「高品質的美」了。

關於純度

我將自己或他人「真正想做的程度」稱為純度。

每個人都有「願望」和「希望」，但我覺得其迫切程度各有高低。「認真實現了願望」或「為了實現願望用盡各種手段，挑戰超越既定概念」就屬於高純度。

我也會購買其他創作者的作品，而購買的基準就是高純度。我想，只要創作者提高純度去創作作品，就一定會找到那個創作者（人）獨有的表現與美。

而應該追求的純度不是九十或九十五，而是九十九．九或九十九．九九（雖然用言語表達很難想像）。只要很認真、很認真、很認真地去思考，他人的言論、既定概念、常識就都是完全沒有意義的。有了這層認知之後，才會產生真正的辦法及正經的活動。接著應該就能遇見與你產生更強烈共鳴的人。

我的作品背景——
「美的要素」與「愉悅要素」

稍微來談一下，我在繪製自己作品時重視的東西。

我本來是學設計的，因此，我有時候會用設計的視角去看待大自然。然後我從大自然中發現了「美的要素」和「愉悅要素」，並將這些要素納入作品中，創作出一幅畫。

以蛋糕店的例子來說明，就像是發現美味的食材後，做出能展現該食材美味的新蛋糕。

「美的要素」和「愉悅要素」究竟是什麼呢？我將自己在持續創作的過程中獲得的資訊彙整成下圖。

我想，在日常生活中覺得感動的內容，也包含著這些要素。我自己是用三大分類來理解它們。由上至下分別是「宇宙的美」、「地球上的美」、「人心的美」。

不知道能否成為你創作上的參考。

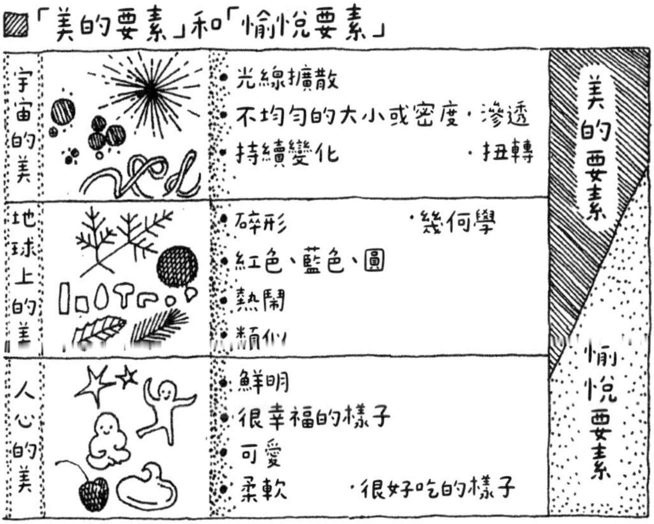

「美的要素」和「愉悅要素」

宇宙的美	・光線擴散 ・不均勻的大小或密度・滲透 ・持續變化 ・扭轉
地球上的美	・碎形 ・幾何學 ・紅色、藍色、圓 ・熱鬧 ・類似
人心的美	・鮮明 ・很幸福的樣子 ・可愛 ・柔軟 ・很好吃的樣子

美的要素
愉悅要素

關於心靈

為了不讓心靈崩潰

在二十歲到五十歲這三十年，我有過兩次「心靈崩潰」的經驗。另外還有一次是差點崩潰，但是我挺過來了。

心靈崩潰的原因，全都是些芝麻綠豆大的小事，第一次是被別人批評「鞋底很髒」。因為我對鞋底乾淨一事很有自信，所以遭到一次批評，心就啪一聲碎了。

明明至今為止都能夠順利地作畫，卻突然間失去了動力。這次經驗讓我實際體會到，心靈真的是會突然間崩潰的。

「把鞋底弄乾淨」這件事是我的驕傲，而問題點就在這，我弄懂之後，便先著手減少自己驕傲的要素，也努力不要增加新的驕傲。

有一次我們一家三口進行了三天斷食挑戰，而我在只剩一小時的時候吃了東西。因為要是再堅持一個小時，就有可能產生「我進行過三天斷食」這個小小的驕傲。驕傲會讓心靈變得堅強，卻也會讓心靈失去彈性，容易在遭遇打擊時崩潰、心碎。

我在四十歲左右舉辦的一場個展上，結識了一名路過進來看展的美術愛好者，他對我說了一句話，而當時我所追求的「有彈性的心」派上了用場，幫我在崩潰邊緣踩了剎車。

那個人雀躍地欣賞作品，也對我的價值觀很有共鳴。在踏出會場的那一刻，他說了一句：「真的非常棒！對一個業餘人士來說。」我的心情瞬間盪了下去，正當我覺得自己要崩潰的時候，我挺住了，接著爽朗地答道：「是的！我會繼續努力。」（間隔 0.5 秒）

「原來我還是有著靠繪畫生活的那份驕傲啊。」我如此反省道。

遇到瓶頸的時候

當繪畫品質不佳時，我不會回到原點，而是去思考在此刻感覺品質不佳的方向，能不能找到什麼新的表現。

「自己覺得好」的基準通常都和「客觀看了覺得好」、「絕對地好」不一致。說到底，我認為思考這件事也並不貼近本質。

若是能把自己有多麼不完美這件事當成前提來思考，應該就能更積極地面對瓶頸。沒有畫畫的動力時，我就不畫。就像斷食一樣，進行「斷畫」（睡不著的時候，我也會直接不睡）。這就像是在與自己比耐心。在某個時候，肯定又會想提筆作畫的。

當事情不順利的時候

努力過、想過辦法，事情還是不順利的時候，基本上我覺得去找各式各樣的人商量會比較好。建議找值得信賴的人、曾經成功實現某件事的人，而這時候最重要的是直截了當、鄭重地和對方商量。

如果連商量都不認真，人家也不會給你認真的答覆。

熱情與現實的妥協

我非常喜歡菱田春草，學生時期還曾經將他視為競爭對手。

然而，實際上要畫到他那個水準並不簡單，我對自己感到很焦急。但是「只有自己畫出來的畫才是自己的畫」，因此我不受周遭干擾，埋頭努力，單憑「盡己所能」這件事來提升自己的水準。

由於感覺到自己一個人的產量有其極限，我提出了可以團隊合作的「隔扇畫企畫」。我無時無刻都在探尋「現實上有可能，卻還沒被發現的事」。

回答問題②

如何接案、如何找到委託機會

我不會進行自我推銷，只會在清楚明示自己「可以做什麼」這件事情上努力。我看過其他創作者或從事其他工作的人，覺得大多數人都沒有做到「明示」。

與他們交流過後，有時候我會驚訝地表示「原來你還可以做這個啊」。這就是沒有「明示」的表現。

我認為只要不斷利用傳單、官方網站、社群平台、作品集明示，工作和委託就會自然而然增加。

如何與客人相處

每個創作者的做法都大不相同，有些創作者會贈送客人中元賀禮和年末賀禮，也有像我一樣基本上什麼都不做的類型。我很重視維持客人與創作者之間對等且保有適度距離的平淡關係。

不過，有時候突然想送客人什麼禮物的時候，我就會擅自送過去。此外，如果剛好去到那位客人所在之處附近，有時間的話我也會前去拜訪。就算只是短短一段時間，對我而言「再會」仍然是一件很開心且重要的事。當然，「去者」我也不會留。

在委託與自我表現之間找到妥協點(或者說是屏除個人感情)

無論是什麼時候，我都不會「屏除個人感情」。

即便是木板畫，我也不會降低純度。隔扇畫也是，雖然手法不同，但畫的人依然是自己。

我會在委託人期望的範圍內全力展現自我。依循委託內容，再持續嘗試拿出超出委託人想像一、兩個階段的表現。這種不確定的嘗試雖然伴隨著強烈的恐懼，但總是能夠跨越的。

作畫時會猶豫嗎

幼兒園小朋友畫畫前不會打草稿，我認為拉斯科洞窟的壁畫也是一樣。而我也不會「打草稿」或「速寫」。我想因為是在沒有預設成品狀態的情況下作畫，所以不會猶豫。

看著自己的筆尖，決定下一筆要怎麼畫，為了避免追不上畫作的變化，不斷重複地下判斷，直至完成一幅畫。

工作的開機、關機狀態

我肯定是二十四小時都保持著「開機」狀態。雖然至今已經辦了超過一百三十場個展，但我同樣會在夢中舉辦個展。在夢裡解決狀況與問題，然後將其反映到現實的個展上。此外，「尋找美的觸角」也是二十四小時、全年無休地活動著。

我想對你說的一句話

- 當有人在你的個展上給你建議的時候，如果那個人是個真正的畫家，建議你好好聽，但如果是兼職畫家，我覺得你不用太放在心上。（就我個人的看法而言，某些像是奇怪傳統的「說法」，至今仍披著正確的外皮。）
- 建議你更仔細地評估自己「真正想做的事」。
- 建議不要一直只畫同樣主題的畫（這樣可能會失去新鮮度。你真正想畫的東西應該無時無刻都在變化才對，不過你可能是對挑戰全新方向感到恐懼。）
- 建議不要打和其他人一樣的安全牌，看別人做什麼自己就跟著做。（你的真實與朋友的真實一定是不同的。要去享受差異。）
- 建議不要追求創意（因為追求創意這件事其實非常普遍，沒有創意。）

對談1

田住真之介

田住先生畢業於嵯峨美術大學，從兩年前的二十九歲開始，便光靠繪畫維持生計。
這裡以他經歷上班生活後，順利成為專職創作者的要點為中心進行採訪。

福井 大學畢業之後，您進行過哪些活動呢？

田住 大學畢業後，我在老家兵庫縣當老師。但是提不起動力作畫，一年左右就辭職了。二十五歲到二十九歲這四年，我一邊以正職員工的身分上班，一邊進行創作與發表的活動。那時候我得到了一個機會，得以在台灣的藝術博覽會的一個角落展出，為了創作出能在那個會場吸引目光的作品，我過著每天畫畫到凌晨三點左右，早上七點出門上班的生活。

福井 二十幾歲就能在藝術博覽會上展出，是現在才有可能辦到的事呢。您和那間企畫畫廊是怎麼結下緣分的呢？

田住 在我二十四歲的時候，有一個名叫「京都藝術博覽會」的活動，我作為畢業生在母校的攤位上展出作品。在那個活動上，有個神戶企畫畫廊的人向我搭話，由於上大學前我曾住過兵庫縣，於是這樣展開了交流。

福井 對方馬上就讓你在他那裡辦個展嗎？

田住 一開始是去參觀畫廊。之後我就開始帶作品過去，不斷認真告訴對方自己想繼續靠畫畫生活下去的想法，後來就獲得了展出的機會。

福井 相當積極爭取呢。

當時你有什麼很重視的事情嗎？

田住 我很重視認真和誠摯待人。我覺得自己表現出認真的態度，不僅可以將認真程度傳達給對方，也可以得知對方的認真程度。

此外，對方也看見了當時我拚盡全力的努力，像是速度快，以及能在快速的前提下提高品質等等。

在獲得展出機會之後，我也不斷精進，抱著若是作品不完美下次就沒辦法展出的想法，挑戰當時自己想畫的東西，並精心構思與展出場地相襯的表現。

福井 對於打下能夠專全權職活動的根基這件事，你當時是怎麼想的呢？

田住 大約二十五歲的時候，我決定把京都當作活動據點。還有，大約在成為正職員工第三年的時候，我用三十五年的貸款買下了自己的房子。

福井 真巧，我也是在差不多的年齡買房的。您在二十九歲之後就單靠繪畫生活了，成為專職畫家之後有出現什麼變化嗎？

對談情景 誠摯待人的田住先生。

田住真之介　簡歷

1989年　出生於廣島縣吳市
2012年　京都嵯峨野藝術大學（現嵯峨美術大學）藝術學院造形學系日本畫組畢業
2014年　KOBE ART MARCHE（田中美術）～2019年
2018年　田住真之介　日本畫展（田中美術／神戶）同2020年
2019年　ONE ART Taipei 2019（田中美術／台灣）～2020年
　　　　Seed山種美術館日本畫大獎2019入圍
　　　　Art Expo Malaysia 2019（田中美術／馬來西亞）
2021年　田住真之介　日本畫展（阿倍野HARUKAS近鐵本店藝廊／大阪）

田住　因為可以自由運用時間，作畫工序的流程變順暢，提升了作畫速度。另外，由於展出次數增加的關係，感覺作品進化的速度也變快了。一開始我是把焦點放在展現自我，但是自從成為專職畫家後，也開始會考慮「在那裡展出的意義」之類的事情了。以作品來說，那雖然只是非常微小的差異，但我覺得那一點點的差異，會讓結果出現很大的不同。

福井　那個一點點確實非常重要呢。

田住　以上班族的經驗來看，也會覺得這是當然的。因為展出地點不同，客人也會不同，我很重視這件事情。

福井　您是怎麼決定作品價格的呢？

田住　現在我的價碼是每號三萬日圓，剛開始和企畫畫廊合作的時候是一萬日圓。隨著活動發展，價碼也階段性地提高，在二十八歲的時候達到現在的狀態。個人覺得這是個很剛好的價碼。

福井　請問您現在的活動量有多大？

田住　現在一年大約會得到十次展出機會，比如企畫畫廊主辦的展覽等等。個展大約一年一、兩次。另外也有直接或透過畫廊接到的委託案件，大小型作品合計，我想一年應該有產出超過六十件作品。

福井　您各方面的活動量分別是多少呢？

田住　最主要的重心是以台灣為中心的藝術博覽會，個展的比重也差不多，再來是接案、個展以外的國內展出，大概是這個樣子。「日本畫」風格的作品在國外的藝術博覽會上還很少見，而且客人會給我一種「非這幅畫不可」的感覺，令人很開心。

福井　您對企畫畫廊有什麼想法呢？

〈黑貓〉 田住真之介　尺寸：318mm×410mm
墨、礦物顏料、雲肌麻紙、金泥　2020年　©Shinnosuke TAZUMI

田住 我認為畫廊與創作者雙方都能繼續活動是很重要的。能夠遇到值得信賴的企畫畫廊，我非常感激。

福井 您覺得年銷售額大概至少要有多少，才能維持專職生活？

田住 我不太會去考慮金額的事，不過我想大概有個三百萬到三百五十萬日圓就可以勉強維持生活了吧。

福井 您有什麼話想對打算展開活動的創作者說嗎？

田住 我認為首要之務就是積極行動。在展出上遇到對你抱持一點點興趣的人，就要誠摯地對待對方，這一點很重要。還有，由於活動經驗還很少，所以不懂的事情很多，但我覺得要經歷過後才會知道什麼是正確答案。至於作品的部分，只要有好好面對自己，自然而然就會摸索出自己獨有的表現。

福井 這段話非常珍貴，感謝您的分享。

對談2

山本太郎

山本太郎創作的作品是將琳派表現用現代形式展現，並在美術館、畫廊、百貨公司等許多地方展出。同時也在大學任教。是一名在本書所說的「主流世界」活動的創作者。

福井 山本先生是如何開始這種創新性的活動的呢？

山本 大學三年級的時候，我開始運用與現在相同風格的表現，四年級的時候便將之定名為「Nippon畫」。從學生時期到二〇〇三年左右，只要有機會去東京，我就會向東京的商業畫廊送出自己的作品集，並預約好時間，努力推銷自己。果不其然，就算對方看了資料後說「很有意思」，我也沒有獲得過展出機會。現在回頭看，覺得這也是理所當然的。畢業後的一整年，我都在相片沖印店打工。

福井 相片沖洗，還真是意外。

山本 因為我需要沖印大型相片來製作作品集，可以用便宜的價格印刷這點吸引了我，但是我做了一年左右就辭職了。之後我又在關西文化藝術學院這間藝術高中擔任了三年兼職教師。也受到了文化財修復工房五年左右的照顧。

福井 這段期間也有舉辦個展嗎？

山本 從學生時期就一直有在舉辦個展，一九九九年到二〇〇六年這七年，我在大阪、京都、東京等地共辦了十三場個展。我也去投稿了比賽，但是沒有留下好結果。

接下來，我覺得光靠自己一個人宣傳力道太弱，無法突破現狀，所以在二〇〇五年舉辦了「日本畫 Jack」。這是一個集結當時在日本畫表現方面頗具魅力的許多創作者，在一年的時間內舉辦學習會，並於京都文化博物館展出的企畫。雖然耗費了大量的勞力，但相當充實。

隔年，我自己舉辦了「Nippon 畫屏風祭」這個企畫。除了在京都的兩間畫廊展出以外，也獲得和服店和肯德基等店家的協助，於京都市內的九個會場同時展出。在這兩次展出之後，我開始會受到媒體報導，曝光量提升了。

我從學生時期開始就一直想要在別人心裡留下印象，這個心願在此時終於稍微實現了。

福井　您確實逐漸開始享受活動，變得活潑了呢。

山本太郎　簡歷

1974年　出生於熊本

2000年　京都造形藝術大學畢業
曾任秋田公立美術大學副教授，現為京都藝術大學副教授

2015年　獲得京都市藝術獎新人獎、京都府文化獎鼓勵獎

在就讀大學的1999年，從神社佛閣與速食店比鄰而立的京都獲得靈感，提倡傳統與現代不同文化交融的「Nippon畫」。開始繪製融合日本古典和現代風俗的畫作。Nippon畫有三大主幹：「簡單明瞭地表現出日本現況」、「採用古典繪畫技法」、「帶著戲謔的心情描繪」。近年來積極接受企業等單位合作委託，也創作了許多與知名角色聯名的作品。其作風被評為現代的琳派。

山本 是啊。不過二〇〇〇到二〇〇六年之間我非常地窮。這兩次展出我都是自掏腰包。而且，因為我的作品有時是金箔、有時是屏風形式，屬於材料和加工都很花錢的類型，真的很辛苦。不過，因為這些活動的關係，京都的 Imura Art Gallery 和 Primary Gallery（企畫畫廊）來連繫我，於是我也開始在百貨公司展出了。除此之外，二〇〇七年獲頒被稱為平面現代美術登龍門的 VOCA 獎後，自己身邊的環境一口氣出現了變化。

福井 終於發展起來了呢。成為企畫畫廊合作畫家之後，創作上發生了什麼變化呢？

山本 以前都是花很多時間去創作大型作品，但開始在百貨公司展出之後，覺得自己必須畫很多作品才行。此外，也有了能賣出作品的實感。

福井 您大約是用什麼價格賣出作品的呢？

山本 我找畫廊的人商量後，將價格定為每號五萬日圓。雖然覺得這價格還挺硬的，但當時景氣不錯，所以還是有人會買。

福井 一口氣提升等級了呢。

山本 不過後來發生了雷曼兄弟事件，作品就賣得沒那麼好了，經歷了一段經濟拮据的時期。

福井 您也是在那個時期買房的嗎？

山本 沒錯。那時候我貸款買下了自己的家。可能會令人感到意外，不過我其實是個不太需要外出的人，從二〇一三年到我去秋田公立美術大學任教前的這四年來，我都在家裡埋頭畫畫，沒有從事其他工作，對一個創作者來說，這是一件很幸福的事。另外，在秋田的大學任教的期間，我也當作是和學生一起做研究，度過了一段別具意義的時間。

福井 我大致上了解了，不過山本先生的作品還是在百貨公司銷售比較多嗎？

山本 百貨公司是銷售最多的，但受人委託的創作也占了相當大的比例，其中還有與企業合作的委託案件。有人來委託時，只要檔期排得進去，我都會接下來。因為我有把自己的電子郵件地址等聯絡資訊放在官方網站上，所以透過電郵或 Instagram 接到的委託也增加了。

〈清涼飲料水紋圖　Red&White〉　山本太郎
紙本金地著色 53×33.3cm　2018年

訪談

服部しほり（Shihori）

我們向專職日本畫家服部しほり（Shihori）小姐，訪問了活動與展出機會的相關事項。服部小姐從京都市立藝術大學研究所畢業後，就直接成為專職畫家，沒有從事其他工作。訪談的重點會放在為何畢業後能夠立即成為專職畫家這件事情上。

福井 您是抱持著什麼樣的想法，追求靠繪畫生活這件事的呢？

服部 我從學生時期就「毫無根據地相信自己可以靠繪畫為生」，還挺可怕的就是了。為了把一生奉獻給繪畫，我思考要經歷哪些過程才能讓我長久實現這件事，並付諸行動。我母校的科系裡洋溢著「學生時期就去校外發表作品為時過早」的風氣，但這樣自我約束的話，以後誰要為我的人生負責？我對此感到疑惑，因此尋找在校外發表的機會、參加其他大學的研討會，開始摸索活動的方法。雖然有些老師不贊同我的這種行動，但我依然埋頭創作。

福井 具體來說，您做了哪些事呢？

服部 從大三到研究所畢業為止的這四年，我總共舉辦了五次個展。為了累積販售作品的經驗，我還下定決心參加了藝術品拍賣。就像想要工作的人會去找工作一樣，我覺得有必要在學生時期提早為自己的畫家職涯做準備。但首先最重要的是，要將創作出好作品這件事放在心上，認真學習。

福井 您是如何與企畫畫廊搭上線的呢？（有進行自我推銷嗎？）

〈展墓記〉 服部しほり（Shihori）
尺寸：1818mm×2273mm　紙本著色　2017年繪製　

服部しほり（Shihori）　簡歷

1988年　出生於京都市左京區岩倉
2013年　京都市立藝術大學研究所美術研究科碩士課程　繪畫主修日本畫修畢
2016年　「探訪琳派記號」京都市美術館
2017年　「日本畫的逆襲」岐阜縣美術館
2018年　向長崎縣天佑寺捐獻隔扇畫
2020年　獲頒京都市藝術新人獎
2021年　獲頒京都府文化獎鼓勵獎
　　　　第8屆東山魁夷記念日經日本畫大獎入圍
於秋華洞、田口美術、藏丘洞畫廊舉辦多場個展
參加多場國內外藝術博覽會

服部 我沒有進行所謂的自我推銷，實際上是「幸運結下了緣分」，真的非常值得感激。我的自主活動招來了新的活動，而那個活動繼續連繫到下一個、又下一個活動，我有幸經歷了很多次這樣的事。

前述的個展中的後面兩次，是在企畫畫廊舉辦的，而前面三次也是別人委託我去展出的，這一切都是緣分啊。

這些緣分的連鎖反應，慢慢變成了我自信的依據。我真的非常幸運。

福井 您想對目標靠繪畫生活的學生說些什麼呢？

服部 我認為最後還是要看你的畫作是否優秀。

如果作品足夠優秀，就相信它能被人看見，踏實地進行作品研究，我覺得這一點是最重要的。

不過，現在這個時代「發現」也很重要，所以建議要稍微經營一下自己。

我覺得創作作品和展出發表意外地是完全相反的兩碼子事，很難取得平衡，不過兩邊都要耐心地腳踏實地累積經驗，這很重要。

福井 感謝您分享這些寶貴的經驗。有機會也想請教專職畫家的結婚與育兒相關事項，這部分就留待下次了。

對談與訪談結束後

我從以前就非常尊敬這三位創作者的作品和人格，也把他們當作熟悉的競爭對手。一直以來，我都對這三位創作者各自的活動非常感興趣。因此這次能聽到他們的分享，我打從心底覺得感激。此外，我想對於讀到這裡的各位而言，裡面也包含著非常重要的資訊。

創作者不太會透露自己的底牌，所以這裡並沒有寫出訪談的全部內容。不過，我想內容應該有傳達出創作者在起步期或轉換期做了哪些努力、重視哪些事情。包含我在內，每一位創作者的發展都各有不同，但是有共通點存在。

我打算將這些事情記錄下來。

①標準配備是強大的動機（毫無根據的自信、想要在別人心裡留下印象的強烈念頭）
②會思考自己當下能做的事（仔細思考自己的美或價值為何）
③態度積極（比普通的積極更強烈）
④遇到好緣分（前往能夠結識人們的場合是創作者自己的努力）

此外，這可能是一件很小的事，但田住先生和山本先生都在一年左右分別辭去了教師工作、相片沖印店的打工。在感覺沒有動力或好處的時候，能夠迅速做出判斷，修正自己的生活，或許也是一項關鍵。

最後，提供這次對談場地的「Art Gallery 北野」北野弓弦先生在對談結束、田住先生離開後，說田住先生「感覺十分出色」，還有他對於遞面紙給田住先生時，對方回「謝謝，我很高興」這件事非常感動，這兩件事讓我留下了深刻的印象。

福井安紀　作品與年表

入圍日展的畫作　題名〈迷〉
石膏的粉、陶土的素燒、京都教育大學操場的土與紅磚（1991）
由於我不是主修日本畫，所以擁有在大學走廊上畫畫的開心回憶。

用木板畫投稿日展但落選的畫　使用自然土、石繪製於杉木板上（1998）
這時候我還把木板拼接起來，形成四角的畫面。這幅畫的靈感來自孩子的誕生。

木板畫〈通往春天的天空〉
使用自然土、石繪製於杉木板上（2001） 宇治川堤防的樹木相當美麗
這幅木板畫一直掛在客人家的玄關，客人非常珍惜它。每次造訪客人家都會覺得很開心。

木板畫〈花玉〉 使用自然土、石繪製於杉木板上（2001）
在京都的個展上，路過的K買下了這幅畫，後來他在濱松開店的時候，將店名取叫「花玉」。這對創作者來說是非常開心的一件事。

木板畫〈涼風〉　使用自然土、石繪製於杉木板上（2002）　這個時期玄關前盛開著胡枝子
這幅木板畫促成了我和一位重要之人的相遇，是特別重要的一幅畫。

木板畫〈溫暖的土〉　使用自然土、石繪製於杉木板上（2002）
在一大塊木板上畫了222隻麻雀。雖然挑戰畫了大量的麻雀，但完成的時候卻感覺「222隻其實也沒有很多」。

伏見神寶神社的御簾繪〈森羅萬象圖〉（部分）使用自然土、石繪製於杉木板上（2007）
為了用繩子串接起來垂掛，我削薄杉木板，減輕重量。描繪了各種生物成雙成對、幸福活動的樣子。

御簾繪〈森羅萬象圖〉的全貌（創作情景／自己家的10疊畫室）
用於伏見神寶神社的拜殿。

高砂神社「神遊殿」的鏡板之松

使用與高砂有淵源的土、砂、石和孔雀石繪製於檜木板上（2013）

為了讓畫出來的松樹能成為神明依附之物，我一年前就開始努力沉澱心情。

鏡石鹿嶋神社御扉上的鹿圖　使用自然土、石繪製於御扉上（2016）

御簾內側就是御神體，我感受著神域的舒適感，用10天完成了作品。

右：**性海寺的本尊——如意輪觀世音菩薩的御前立木板畫**　自然土石、竹炭、礦物顏料（2020）
我摸索著能夠成為佛教信仰對象的表現，最後總算找到了充滿包容力的表現。（補充：2022年11月5日，因本堂發生火災而燒毀）
左上：**繪於私人住宅佛堂拉門的蓮花圖**　水干顏料（2018，隔扇畫企畫）
左下：**繪於「GOOD NATURE HOTEL KYOTO」客房牆壁的枝垂櫻** 水性顏料（2019）
在短時間內畫完了全部141間客房。我想像京都各式各樣的賞櫻勝地，針對每間客房設計不同的樹枝走向。

「尾張Sanbun」店內用的木板畫（名古屋市，2017）
由於是急件，所以我用當時最快的速度，在3天內繪製完成。

「Gallery&Salon迦俱樂」
釧路的土石（釧路市，2020，隔扇畫企畫）
客人帶我遊覽了釧路周邊的許多地方，於是我順利畫出了釧路的風景和濕原，還有太平洋碳礦。

木板畫〈與樹共生〉
使用自然土、石繪製於胡桃木材上（2019）
這個時期我在追求毛皮的表現。

木板畫〈月亮的彼方〉
使用自然土、石繪製於冷杉木材上（2019）
月亮是我這幾年的作畫主題。

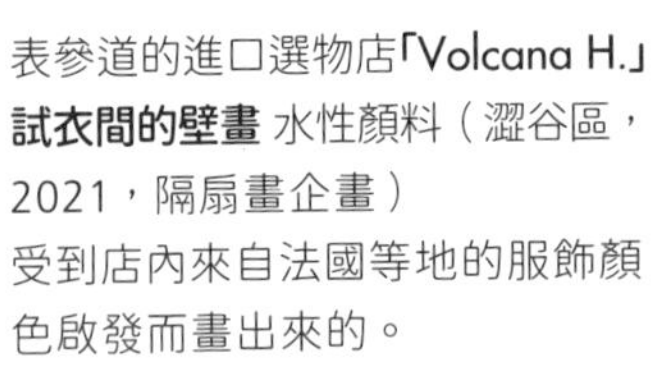

表參道的進口選物店「Volcana H.」**試衣間的壁畫** 水性顏料（澀谷區，2021，隔扇畫企畫）
受到店內來自法國等地的服飾顏色啟發而畫出來的。

幼兒園時畫的畫（憑印象重現）

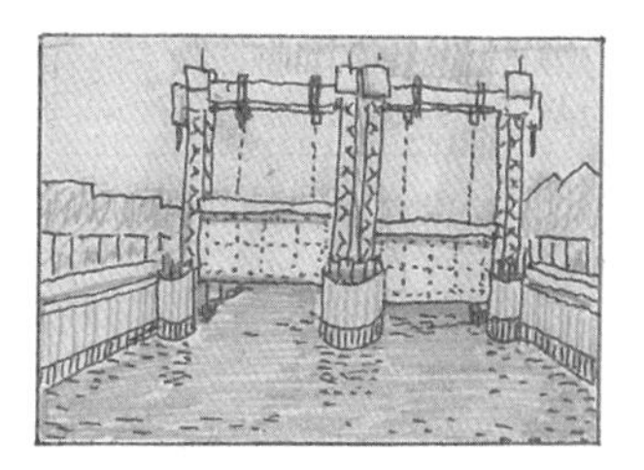

K同學的畫（小學5年級左右）
（憑印象重現）

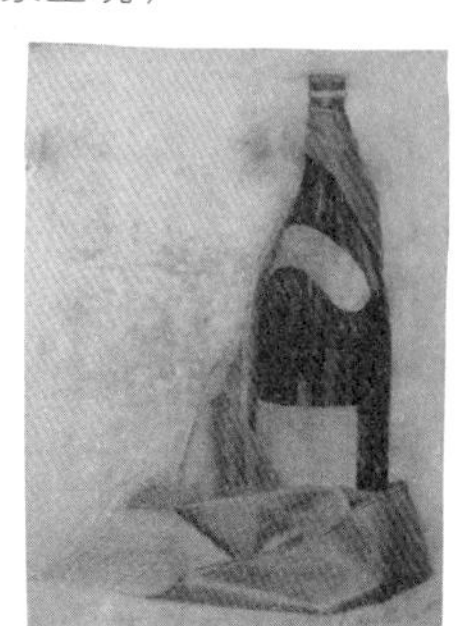

素描　高中三年級的夏天過後畫的。那年夏天的某一天突然變厲害，嚇了自己一跳（20歲過後，我發覺表現的「說服力」比寫生的「素描力」更加重要，現在仍然如此認為）。

這份年表是以我在什麼樣的機會下與人締結緣分、拓展活動為中心製作而成的。尤其是自2004年左右，舉辦個展的次數開始提升，所以不會記載所有的個展，只會記載特別的邂逅。

1970年　出生於京都府。

1975年　幼兒園（大班）的時候碰巧畫了一張很棒的大象圖。

1980年　5年級的時候崇拜很會畫畫的K同學（明明他比較厲害，卻是自己的畫被選上，我對件事情感到納悶，但老師說他的畫「不像小孩子的畫」，這個回答讓我很失望）。

1984年　看見美術社團女同學畫的作品中的椰子樹剪影表現，覺得很成熟，因此感到崇拜。此外，也很受不了自己的感受力一直很幼稚這一點（國一）。這個時期，我認真考慮未來要當「小白臉」。

1986年　報考同志社高等學校（考量到該校是直升式，在大學畢業前都可以一直畫畫）但是落榜，進入府立高中就讀。找美術社團的顧問越田博文老師商量是否該為了考美術大學而去上繪畫班，於是開始放學後在美術教室畫素描。

1988年　高中三年級的春天　素描始終沒有進步，到了夏天突然變厲害，能夠快速畫出素描了。獲得「靠自己發現」的能力。

1989年　報考京都市立藝術大學、金澤美術工藝大學，但不知道為什麼落榜了，最後考上京都教育大學。入學後，享受「盡情畫畫」的樂趣（對於身邊其他同學不怎麼創作這件事感到納悶）。

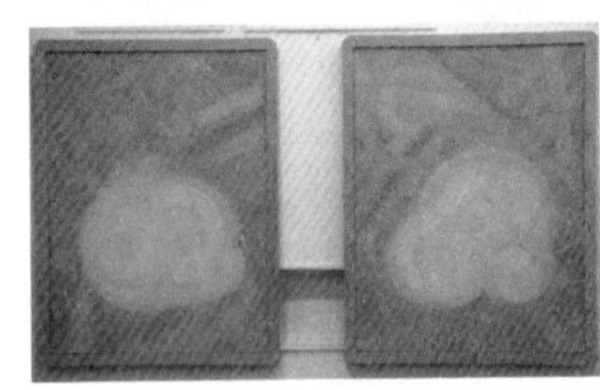

右：雙人聯展的展出情景（「Gallery F」，1993）
左上：展出情景（「立體Gallery射手座」，1997）
左下：**〈在車站出生的貓〉**（1997）

1990年　向京都市四條畫廊的團體展投稿作品，向獨立者沙龍投稿作品並展出（有一種只是把作品擺出來的感覺）。
這個時期開始用土石作畫。「岡村倫行老師的話」改變了我的人生，至今仍如此認為（二年級）。

1991年　向日展投稿，首次入圍（用土石繪製的畫）。周遭的人也很驚訝，看了自己在日展的展覽會場展出的畫作，感覺到自己「缺乏實力」（三年級）。

1992年　遇見別間美術大學的同年級學生，三年後和對方結婚。
在繪製素描的同時，也持續在和紙上繪製土石日本畫（有人說我「腳踏兩條船」，但我並沒有放在心上）這個時期，木代喜司老師告訴我「自己的客人要自己創造」這件事。
用土石作畫的活動成為致勝因素，我被建材公司錄取。向日展投稿但未入選。
主辦京都教育大學、京都精華大學、Mode學園、B研究室的有志者等21人的團體展。（「Gallery SOWAKA」。成員的認真程度有落差，體會到舉辦團體展的困難）

1993年　2月　第一次正式展出的雙人聯展（京都市「Gallery F」）。
大學畢業。成為上班族，入住公司宿舍，利用晚上和假日創作。

1995年　1月　在「Gallery F」舉辦個展。
2月　結婚，在外租屋居住。
尋找中古屋，12月用貸款買下位於宇治市的房屋。
搬家的隔天，偶然從製造裝宇治茶的木箱的店家前面經過，看見風乾杉木板的情景。我深受其美麗和仔細度感動，後來請他們分一些杉木板給我。

1996年　反覆進行在木板上作畫的技術性試錯（也挑戰過在鐵板上作畫，但重量是個大問題，進行的不順利）。
※逐漸對於在和紙上作畫時不需要為背景上色這件事感到抗拒。

右：木板畫與作者（1998）

左：**將七片一組的木板畫拉開間隔展示**（1998）　間隔是可變動的，氛圍會隨著間隔的不同而改變。

1997年　4月　在京都市「立體Gallery射手座」舉辦個展（這是最後一次展出畫在和紙上的作品）。

1998年　9月　在京都市「Gallery F」首次舉辦木板畫的個展（從此以後幾乎都是展出木板畫）

第一次賣出畫作，個展僅虧損數萬日圓。

秋天　以結合7幅木板畫的120號尺寸作品投稿日展，但是未入選（從此以後便不再投稿公募展）。

1999年　7月　在京都舉辦個展。遇見委託我在新建築物入口作畫的客人。

遇見2016年支援我在仙台舉辦個展的A。賣出3件作品（都是被路過的人買走），足以支應場地費。

2000年　2月　在京都舉辦的個展由虧轉盈。遇見後來幾乎每一次都會支援我在京都的個展的S。遇見關係到2013年能舞台之松委託案的N。

2001年　2月　在京都舉辦個展。遇見數年來發給我許多委託的餐廳「と夢」。

這次個展展出13件作品，3件由路過客人買下，2件由以前結識的客人買下，總共賣出6件作品。銷售額約30萬日圓。

※這個時期，只要在「Gallery F」舉辦個展就會盈利，還可以遇見新客人，覺得活動愈多狀況就愈好。

3月　依照計畫在30歲辭職。由於這一年沒有公司發的獎金，內心充滿不安，從秋天到春天，晚上都在住家附近的便利商店打工。

※為了專職活動，要拓展展出的城市，於是尋找東京與神戶的畫廊，並預訂了銀座六丁目的出租畫廊（2樓）。

春天　在神戶的公共展場舉辦個展，但是地點不佳，沒什麼人經過，所以在展期中前往三宮的鬧區尋找畫廊，遇見了「Gallery RuPaul」，立刻預訂下來。

繪製鏡石鹿嶋神社參集殿的天袋與地袋（2004）
遇到製作另一個架子上的作品的陶藝家一重先生，受到其強烈表現的影響。

〈溫暖的土〉（部分放大，2002）
描繪222隻麻雀的時候，為每一隻編了號。有幾隻麻雀沒有畫完全。

2001年 10月　在神戶市「Gallery RuPaul」舉辦個展。第一天碰巧有一位路過的客人買下了好幾件作品。有盈利。遇見「銀座煉瓦畫廊」（東京都）的竹內小姐（後來給了我參加2002年2月企畫展的機會。原本預訂的銀座六丁目出租畫廊則讓給其他創作者朋友）。

12月　在京都舉辦個展。來自濱松的K路過進來看展，買下了木板畫（後來在濱松開餐廳時將店名取作「花玉」，與畫作同名，並將畫作掛在店內）。

2002年 2月　在「銀座煉瓦畫廊」舉辦個展（第一次在東京展出、第一次辦企畫展）。遇見關係到2年後在福島縣鏡石町舉辦的個展的K。遇見在2006年給我機會在其位於滋賀縣高島市的住家天花板上作畫的T。

11月　在京都舉辦個展。遇見來自東京都八王子市的S（此後他一直為我在東京的個展和活動提供支援。此外，他的生活方式和舉止也是我的學習模範）。

（2003年左右　順利還清貸款）

2004年 自這一年起，我加快活動的步調，每年都會在京都舉辦2次個展（在銀座的個展上，則為了創造新客人而全力奮鬥）。

3月　第一次在大阪市「Galerie Centennial 」舉辦個展（企畫展）。遇見強烈建議我畫龍的客人（後來我也開始畫龍）。

8月　第一次在福島縣鏡石町的「鏡石鹿嶋神社參集殿」舉辦個展（企畫展）。

※實際感受到在非大都市的城鎮也有許多喜歡畫作的人，這件事成了我前往許多城鎮展出的活動方向之基石。

2004～2010年，我以京都、東京、神戶三個都市為中心活動，遇見了許多支援我活動的人。

2005年 此時終於可以穩定地過上專職繪畫的生活。

右：**木板畫〈大家〉**
在一個畫面中塞進許多生物喜悅的樣貌（繪製時間比伏見神寶神社御簾繪更早，2005）
左上：展出情景（「Gallery F」，2005）
左下：**木板畫〈向天而歌〉**（2005）

2006年　在高級日式料理店「祇園はまだ」的吧檯座位用餐時，坐在我隔壁的N從老闆娘口中聽到東京個展的消息，於是前來我在那一年舉辦的銀座個展。此後他不僅購買畫作，還將我介紹給朋友，為我的活動提供了支持。

2007年　3月　繪製伏見神保神社（京都市）的御簾繪。
9月　第一次在東京都町田市「Gallery Cafй ALULU」舉辦個展（企畫展）。

2008年　5月　第一次在兵庫縣蘆屋市「Gallery雙愛」舉辦個展（企畫展）。後來，遇見了介紹福島縣磐城市「Gallery磐城」給我的創作者K。
這個時期，談到了繪製高砂神社（高砂市）能舞台之松的機會，開始交流。
（在能舞台之松的學習會上遇見許多充滿魅力的人，感到自己的手寫文字缺乏魅力—在2010年左右改變自己寫的字。重點在於用繪畫的線條書寫文字）。
※回頭一看就能實際感受到，是2、30歲結下的緣分的熱情，在支持著我現在的活動。

2010年　11月　舉辦第50場個展（京都市）。邁入40歲。

2012年　9月　第一次在奈良市「奈良町物語館」舉辦個展（出租畫廊）。我與這次的介紹人桂小姐（後來開設了藤影堂）是在2011年銀座的個展上相遇的。
「Gallery F」歇業，失去京都的個展會場（這裡曾是我結識新客人的活動據點，所以受到了強烈衝擊，匆忙開始尋找其他的路邊畫廊。幸運地找到了剛開始經營一樓畫廊的「Art Gallery北野」，以及提供高品質空間的「Art Space MEISEI」）。

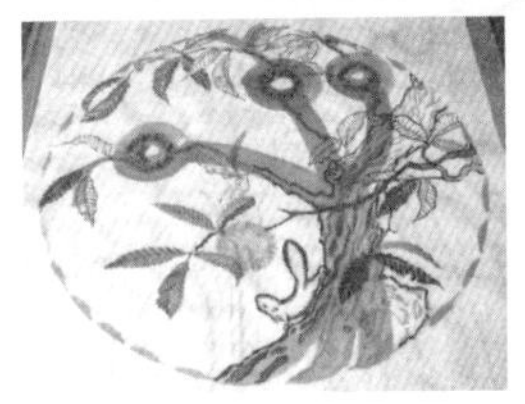

上：**高級日式料理店「福壽家」(吉川市)宴客廳的松與梅**（2013）
搭著繪製能舞台之松的這股氣勢，用20天左右一口氣完成。
下：**伏見神寶神社社務所「丸山茶論」的天頂畫**
以文字為主題繪製。（左起為樂、流、禾，2014）

2013年　6月　繪製高砂神社能舞台「神遊殿」的松樹（花3個月完成）。期間偶然遇見正在找人繪製料理店松樹的S。
9月　繪製埼玉縣吉川市的高級日式料理店「福壽家」宴客廳的松樹。
10月　在保護高砂神社能舞台之松的木板上繪製較小尺寸的松樹。
※這年的夏天到秋天真的非常忙碌，感覺是分秒必爭地在畫（為了與截止期限賽跑，手都在顫抖）。
2011～2013年　開始開發陶片「立於原野」和拓片等除了繪畫表現以外、運用陶土的表現（有一部分是受到三一一大地震的影響）。
2014年　到名古屋自我推銷，尋找畫廊。
11月　第一次在磐城市「Gallery磐城」舉辦個展（企畫展）。
繪製伏見神寶神社社務所的天頂畫（也運用了拓片的技術）。
12月　參加日本畫團體「ZIPAN具」。
2015年　1月　第一次在名古屋市「Salon Gallery余白」舉辦個展（企畫展）。
5月　參加日本畫團體「尖」。
※這幾年來，我試圖與畫家夥伴進行交流，但在增加交流、參加團體之後，我深深體認到靠繪畫生活的創作者非常稀少的事實。
6月　第一次在靜岡市「Gallery濱村」舉辦個展（出租畫廊。本來是為了結識名古屋的客人才選擇此地點，但遇見的全是靜岡一帶的客人）。
夏天　開始更積極地經營Facebook。
9月　第一次在滋賀縣大津市「Gallery O」舉辦個展（企畫展）。
10月　在京都舉辦「當代春畫展」（五人聯展）。

右上：**「Art Gallery北野」的展出情景**（2016）
撤展時留在櫥窗上的畫作為我帶來了緣分。
左上：**無座位酒館「三ぶん」的店內與木板畫**
下：**仔細描繪龍、人、生物的18公尺布畫**（日本畫團體「尖」，2016）

2016年 2月　在京都「Art Gallery北野」舉辦個展。撤展時遇見開餐飲店的下山老闆（他將我的畫作裝飾在「三ぶん」店內，開新店時也委託我作畫）。

2月　這個時期開始了現在的「討論會」活動。

「隔扇畫企畫」啟動（以下將「隔扇畫企畫」簡稱為隔扇P。這個企畫作為我與「Art Gallery北野」的共同企畫，展開活動）。

5月　在「尖」展出長18公尺的龍之畫（京都市美術館）。

6月　在鏡石町的鏡石鹿嶋神社御扉內側繪製雙鹿圖（御扉是不可拆卸的結構，所以我穿著白衣，在距離御神體僅約1公尺的特別神域裡作畫，這是個非常寶貴的經驗）。

8月　舉辦了在「銀座煉瓦畫廊」的最後一場個展（從去年在銀座舉辦個展到此刻，這段期間我總共在6個城市舉辦了個展，被批評「作品的魅力降低了」）。

12月　第一次在宮城縣仙台市「晚翠畫廊」舉辦個展（企畫展。我拜託「Gallery磐城」的藤田先生幫我介紹仙台推薦的畫廊，實現了在仙台展出的願望）。

遇見2020年委託我在福島縣會津若松市的老店「鰻のえびや（第五代）」畫隔扇畫的「晚翠畫廊」須佐畫廊主。

※2016年一年舉辦了9場個展，但在時程安排和作品量方面，自我管理相當艱難。這個時期，在奈良和京都這2個觀光地區的展出增加，因此結識的客人數量也進一步增多（相反地，自己沒辦法記得這麼多人，感覺與客人的關係有點疏遠了＝現在也是如此）。

2015～2019年，京都的外國觀光客暴增，在一週的展期中，感覺上大約就有1～3名外國人購買作品，帶回自己的國家。

右：**「三三House的登龍」**
對方委託我繪製一幅聲援從谷底努力往上爬的人們的畫作，於是我懷著祝福繪製。創作過程中下了冰雹這件事成了重要的回憶。（2017）
左上：**「天神SASARA」火雷天神與龍的壁畫**（2017）
左下：**〈松島圖〉水干顏料與墨**（2018）　這個時期開始使用水干顏料。

2017年　6月　透過Facebook結下了緣分，參加東京的三人聯展。也舉辦了「討論會」，之後遇見了為我在福岡的活動提供支援的創作者。東京都南千住的旅館「三三House」對「隔扇畫企畫」產生了興趣，於是我得到了在入口繪製登龍的機會（同年7月繪製）。

6月　在大阪市的拉麵店「天神SASARA」繪製火雷天神與龍的壁畫（隔扇P）。

9月　第一次在愛知縣豐田市「豐田畫廊」舉辦個展（企畫展）。

11月　第一次在兵庫縣明石市「Gallery 36 · 35」舉辦個展（企畫展）。遇見2019年委託我繪製御本尊的御前立木板畫的性海寺塔中福智院的住持。

一位看見「隔扇畫企畫」的官網而聯繫我的客人，剛好住在「Gallery 36 · 35」附近，因此我直接上門拜訪、事先確認場地，得到了在佛堂繪製蓮花的機會（隔年1月繪製）。

12月　第一次在福岡市「Gallery風」舉辦個展（出租畫廊）。與以前在京都個展上結識的幾位福岡人再會，我感到非常開心，而且也有人購買作品，對於終於能在福岡展出一事，我非常感激。

2018年　1月　經過販售無邊框小屏風的店家「木村天真堂」門口，向他們訂製了小屏風（後來他們也讓我在店裡放置「隔扇畫企畫」的傳單，結下了好幾段緣分）。

6月　第一次在居住地宇治市舉辦個展（「Gallery百合庵」）。也舉辦了「討論會」，結下了關係到這本書的緣分。

7月　第一次在神奈川縣鎌倉市「Gallery緣」舉辦個展（半企畫）。

※在京都以外的名古屋、東京、福岡、鎌倉等地，也會以該地區的創作者為主要對象舉辦「討論會」，有時候會從中結下新的緣分。

右上：伏見神寶神社的御沓（在上面作畫，2019） 使用稻荷山的土和竹炭繪製
左上：性海寺的御前立木板畫（部分） 感受到表情只要稍有不同，就能表現出包容力
下：在個人住宅的天花板繪製雲與龍（株式會社K・WATABE一級建築士事務所，2020）

2018年 10月 在三重縣津市舉辦出差版「討論會」和展出。

12月 於福島縣白河市的個人住宅，繪製守望白河城鎮的龍之隔扇畫（隔扇P）。

※2018年一年舉辦了14場個展，委託和「隔扇畫企畫」的活動都只能勉強維持。

2019年 1月 第一次在東京都國立市「Art Space 88」舉辦個展（出租畫廊）。這個時候，又獲得了讓本書的出版工作往前邁進一步的緣分。

8月 為伏見神寶神社的御沓繪圖。

夏天～11月 在京都市新落成的飯店「GOOD NATURE HOTEL KYOTO」的全部141間客房繪製主題壁畫（隔扇P）。

2020年 1月 神戶市性海寺御本尊御前立的木板畫完成（費了許多苦心研究佛教充滿包容力的繪畫表現）。

2月 於京都市個人住宅的西式房間天花板繪製龍（隔扇P。「隔扇畫企畫」本來並沒有設想過畫在天花板的可能，因為委託人的點子而進化了。我認為是這幅龍的畫成了後來寺院天花板的龍的契機）。

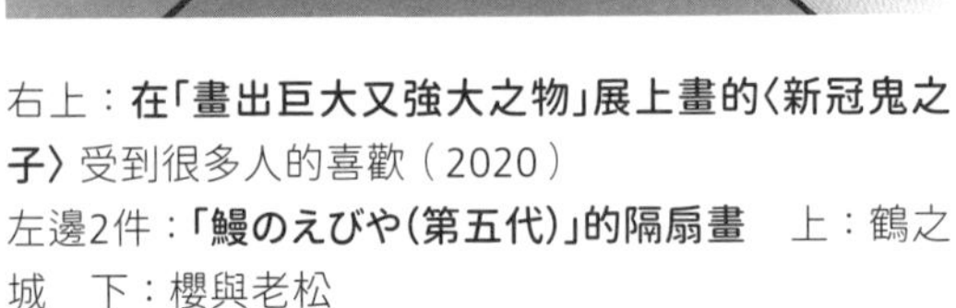

右上：**在「畫出巨大又強大之物」展上畫的〈新冠鬼之子〉**受到很多人的喜歡（2020）
左邊2件：**「鰻のえびや（第五代）」的隔扇畫**　上：鶴之城　下：櫻與老松
運用水干顏料和墨，分別在一天半的短時間內繪製完成（2020）
右下：在裝修中的狹小空間內畫完

2020年　※2月底，在新冠病毒的影響下，封閉感蔓延到京都，「Art Gallery北野」也陸續收到原定要展出的創作者取消展出的聯絡。

3月　臨時在「Art Gallery北野」舉辦「畫出巨大又強大之物」展（利用展出取消而空出來的一週，進行了用油漆在藍色帆布墊上作畫的豪邁展出。展期的前3天完成了擺滿畫廊的大量作品，也宣傳了「隔扇畫企畫」，成了全新體驗的挑戰企畫）。

4月　用陶土製作模具，量產「陶片阿瑪比埃」（最後寄送了超過1,000件給各式各樣的人。大部分的收益都捐給了展出取消的出租畫廊）。

6月　繪製會津若松市老店「鰻のえびや（第五代）」的隔扇畫（配合店內裝修的時間，從仙台的「晚翠畫廊」畫廊主那裡接到委託。經歷了在裝修中的狹窄空間內作畫的新體驗，感覺畫作也進化了）。

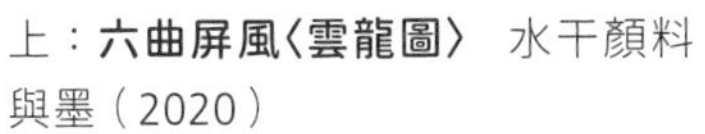

上：**六曲屏風〈雲龍圖〉** 水干顏料與墨（2020）
透過木村天真堂牽起來的緣分。
下：**光雲寺的天花板〈鳳凰與龍圖〉**（照片僅為部分，2020）
用了9天，在體力逼近極限的狀態下畫完了。

上：**海藏寺宿坊「櫻海」的龍與櫻花隔扇畫**（2020）
與「隔扇畫企畫」的成員武田修二郎先生實現期盼已久的共同繪製。
下：**西法寺的內陣天花板〈雙龍圖〉**（2020）
在杉木材製的天花板上用墨等工具，花5天畫完。

2020年 9月　在北海道釧路市「Gallery&Salon迦俱樂」繪製丹頂鶴的隔扇畫（從Facebook上接到的委託。同時在畫廊空間舉辦個展）。

11月　在相互卡車株式會社的事務所中的六曲屏風上繪製雲龍圖（隔扇P）。

11月　在京都府伊根町的海藏寺宿坊「櫻海—OUMI—」繪製龍與櫻之圖（與「隔扇畫企畫」的成員武田修二郎先生共同繪製。隔扇P）。

12月　在和歌山縣海南市的西法寺內陣的天花板繪製雙龍圖（隔扇P）。

※雖然遇到新冠疫情，還是成功舉辦了13場個展，我覺得這就是非主流、個人活動的強項。此外，「隔扇畫企畫」的委託似乎也增加了，這讓我體會到，想委託的人和接案的畫家這種個人與個人的關係，並不會受社會狀況影響。我擅自用「單密」一詞來表達這種關係。

2021年 2月　在三重縣明和町光雲寺的天花板繪製鳳凰與龍之圖（尺寸為16疊，創下個人最大面積紀錄。隔扇P）。

我的個展風格——讓客人更享受展出的巧思

右上：奈良「Gallery & Postcard藤影堂」的看板
左上：國立「Art Space 88」的看板
下：京都「Art Gallery北野」的櫥窗

接著要來談談舉辦個展時，我在展示方法上設計的巧思。

雖然在舉辦了三十場個展的時候，這套方法就在我心中確立下來了，但至今每次舉辦個展的時候，我還是會思考有沒有什麼新的巧思、有沒有能讓客人更享受展出的方法，並進行實驗與驗證。

展示的方法

A 從外面可以看見的部分

最重要的一部分就是，在面對道路的畫廊

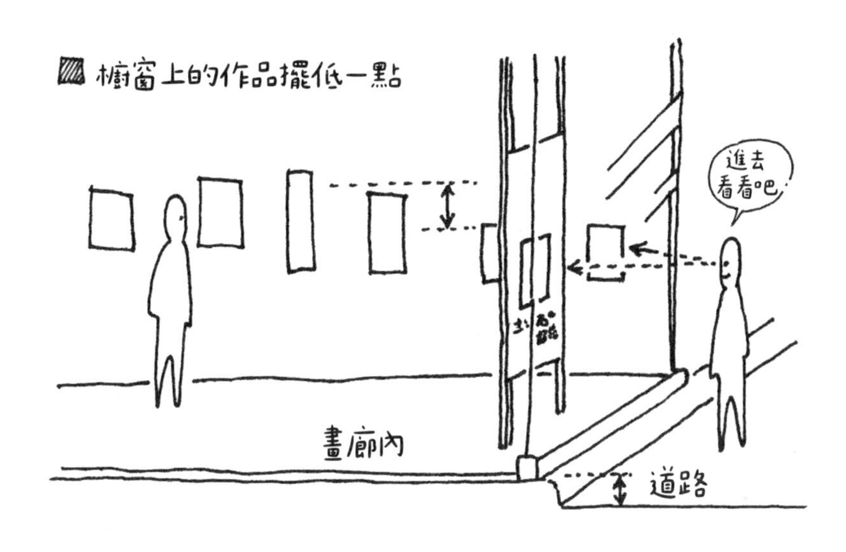

展出時，要如何讓客人覺得可以輕鬆走進來，或是提起興趣。

・在看板上手寫文字或手繪插圖，或是主要使用將DM放大的海報，方法百百種，但是我認為要盡量融入當地的氛圍。

其中，我會用從遠處也看得清的字體大小，將「用土石繪製的木板畫」這個引人注意的句子寫上去。

・可以透過櫥窗看見的作品，選擇看一眼就能理解在畫什麼的作品。為了讓路過的行人注意到，並停下腳步，我覺得作品的易懂程度很重要。

在這個基礎上，我認為近看也會令人提起興趣、有細節或紋理的作品是最適合的。

・我會將櫥窗上的作品擺低一點。此外，也會將靠近道路那側牆上的作品擺低一點。從路上往畫廊內部看的時候，擺低一點比較能夠產生親切感、

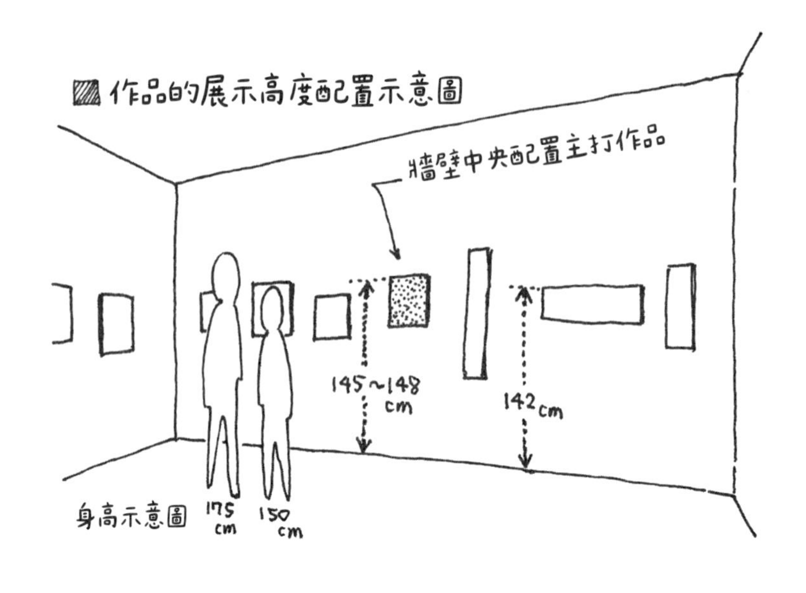

讓人覺得可以輕鬆走進來，而且馬路的水平面應該會比畫廊內部的地板低，我決定高度時也會考量這一點。

此外，決定展示位置的時候，我也會考量玻璃櫥窗對太陽光或天空的反射。

Ⓑ畫廊的牆面

・我會根據畫廊的大小調整作品展示的密度。在空間開闊的畫廊，我會拉開間隔，奢侈地利用空間；在空間小的畫廊，則會將作品擺得較密集。如果遇到特別小的畫廊，還會隨機上下配置作品。

以結果來看，我的作品不管在哪一間畫廊，都能展示約三十到四十件。

・作品的展示高度，會安排在長輩無須抬頭看的高度。每次我都是憑感覺決定高度，仔細測量後，得到了上緣在一百四十五～一百四十八公分左右這個基準值。要是高度都一樣，空間會僵化，所以我會讓作品稍微自然地上下交錯。橫寬的木板畫會擺得更低一些，上緣高度大約一百四十二公分。

・至於如何決定作品整體的配置，我會先找到該會場的主打牆，將「主打」的作品配置在主打牆的中央。而第二主打牆的中央則配置「第二主打作品」，決定三、四的配置。究竟哪一面牆壁是主打牆，這一點要實際進入會場才感覺得出來，因此所有作品的配置我都是在會場內即興決定的。

・據買家說，有時候他們會將作品擺在玄關的櫃子上，所以我會將其中幾件作品用作品架（以鐵絲自製）展示。這是為了讓客人知道作品也可以放著展示，不一定要掛在牆上。

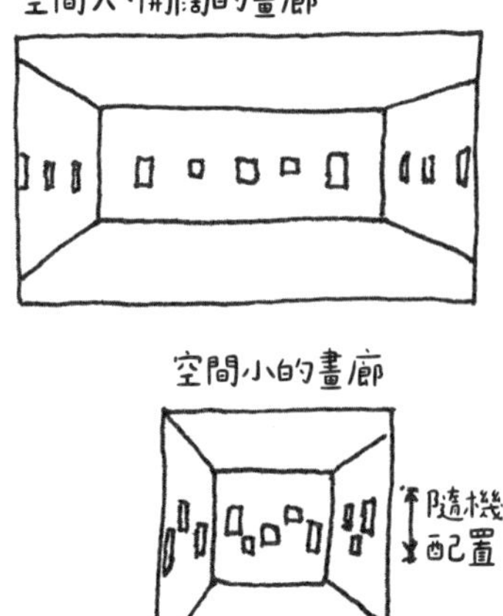

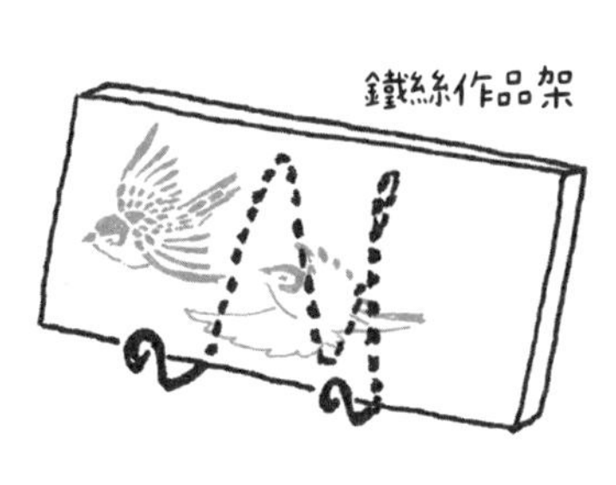

ⓒ 作品名與價格牌

我會將附上價格的橫書作品名牌貼在作品的右下方。有時候照明會讓作品出現陰影，我貼作品名牌的時候會留意不要被陰影蓋住。

價格的文字如果太小，有些人會因為老花眼的關係看不清楚，所以我會以下圖（實際尺寸）的大小親手寫上作品名和價格。

我寫的字也是我的一部分，因此有些人也會連同我的文字一併觀賞。

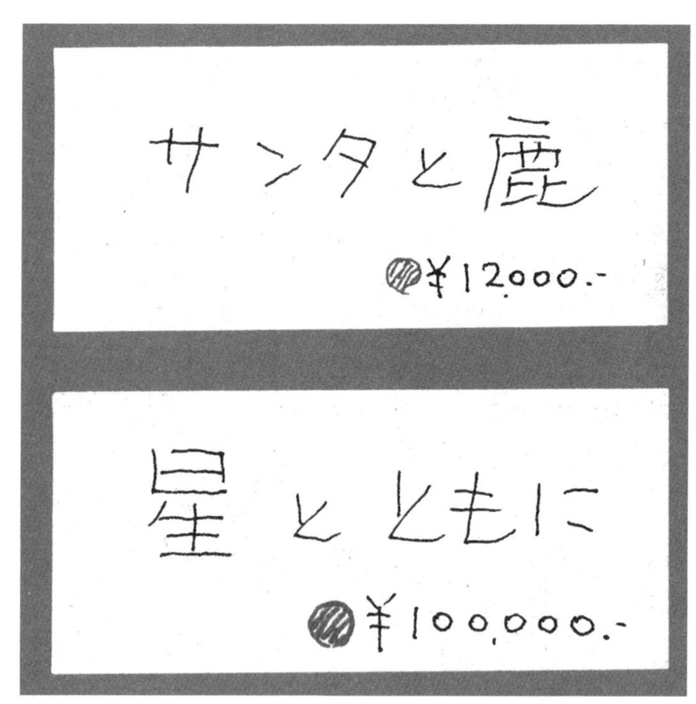

實際使用的作品名牌（重點是價格要寫清楚）

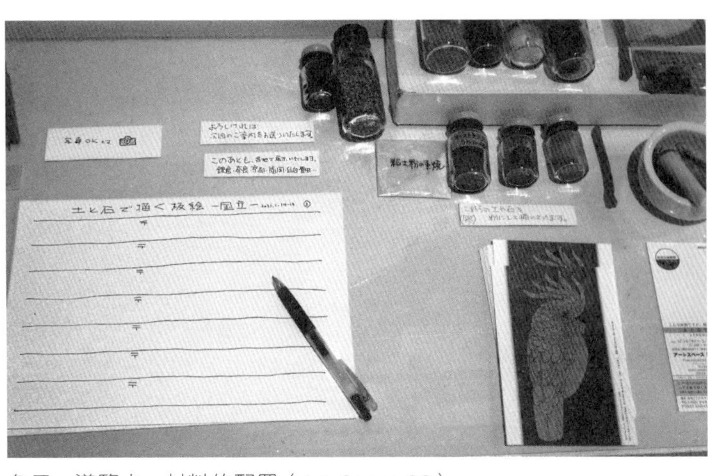
名冊、導覽卡、材料的配置（Art Space 88）

Ⓓ 作品以外的展示品

由於我會用自然土石製作顏料，所以會將自然土、石、砂等顏料來源裝進小瓶子裡，作為材料範本擺出來，或是將石頭磨成粉的研磨缽、用來鑿木頭的鑿子擺出來展示。

在欣賞作品的同時，很多客人會也一併欣賞繪製工序等作品的製作背景。

我會將這些材料等展示品放在名冊旁邊，先說明顏料的材料，後續比較容易請中意的客人留下聯絡資訊，因此才這樣配置。

Ⓔ 個展期間也在會場創作作品

對路過進來看展的人來說，看見畫作尚未完成的狀態或創作過程，是一件很有趣的事。除此之外，感覺也能讓客人更加理解我的活動基礎的概念。

同樣由浦辻先生製作的展示桌（折疊式　「Art Gallery北野」的用品）

可以用小釘子固定在牆壁上的訂製展示架（組裝式　委託家具創作者——浦辻靖弘先生製作）

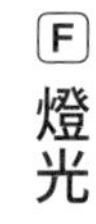

F 燈光

就我來說，我的個人喜好是一次展示很多作品，所以我不會讓燈光一個一個打在每一件作品上。

由於買家擺放作品的地方不一定會有專用的照明，所以我追求的是比較有現實感的氛圍。還有，我覺得自然不規則分布的光，會讓空間變得更柔和，因此與聚光燈整齊地打在牆壁上的空間相比，這樣的空間會降低人們踏進畫廊的門檻。

此外，空間的角落容易顯得陰暗，我會留意避免這種情況。

G 細節

・如果可以調整燈光強弱的話，就配合室外的明亮度調整畫廊內的明亮度。比如說，下雨的時候稍微調暗一點，傍晚到夜間調得比白天暗一點。如此一來，從路上往內看時才不會感覺過亮，營造出能輕鬆進入的氛圍。

將木板畫塞進行李箱，搬入展場

個展情景（Art Gallery北野）

・我曾經因為很想要可以直接裝設在牆壁上的展示架，而委託使用金屬與木材的創作者浦辻靖弘先生，製作可以愉快展示作品的時髦展示架。它的結構可變性很高，因此能夠應付各式各樣的展出，相當方便。

・我曾經將櫥窗上的畫分為早上到下午三點以及之後的兩種，進行替換。聽見路過的年輕人在外面說：「咦，這幅畫和剛才的不一樣了。」我心想對方觀察得真仔細，感到佩服與肯定。

・我一直以來都允許客人在會場拍照攝影。原因很單純，就是對想拍照的人來說，這樣會比較開心。

＊

作品的展示方法也是「自由」的。並不是非得如此不可。請參考各種店家的陳列等等，找到能讓自己的客人開心看展的展示方法。

關於美②

對「好畫作」的想法——「好畫作=自己的表現」

在同意「是不是好畫作這件事有意義嗎」這個想法存在的基礎上，接著來談談我認為的「好畫作」。

第一點，是前面提過的「高純度」。另一點，則是是否能用具有「說服力」的表現，表達出自己想畫的想法。

這份「說服力」來自表現的「斟酌」與「追求」。所謂的「斟酌」，就是從自己的具備的技術之中選擇表現的技法、材料（包含畫材）；而「追求」則是不要依賴既有的東西，包含自己過去的作品，去發掘新的要素。

這絕對不是去改編「過去的自己」。

去「斟酌」、「追求」你「高純度」的想法，獲得「說服力」而呈現出來的作品，肯定會是「好畫作」。

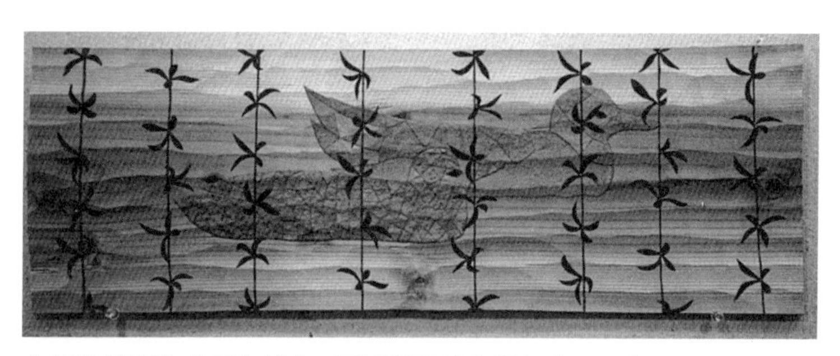

木板畫〈朝綠〉使用自然土、石繪製於杉木板上（2005）

在至今為止30年的作畫生涯中，有些作品不知道為什麼會經常浮現在我的腦海。雖然沒有明確的理由，但我覺得那應該是自己心中特別的畫作。
通常我不會將作品化為言語，但現在我要刻意用言語說明看看。

春天到夏天鮮嫩的柳枝看起來就像許多鳥兒，在舒適的氣溫和微風之中隨心所欲地搖擺著。一對鴨子情侶穩穩地向前進，與柳樹毫無關係。而我因為鴨子眼睛與柳樹的融合感到喜悅。

我獲得的重要技術

我一年大約會繪製八十件作品，還會繪製隔扇畫和別人委託的畫作。

此外，我的畫作主題包括動物、植物、山、童子、龍等等，我認為範疇算是比較廣的。

三十五歲以後，把每天想畫的東西連續不斷地畫下來時，有時候會覺得自己成了擰乾的「抹布」。有一種體內變得乾癟癟的、「已經什麼都擰不出來」的感覺，好像全身被掏空一樣。

不過，現在已經不會了。我已經學會了讓想畫的東西「單純通過自己的身體」畫出來的技術。就像是「如果想畫，就迅速畫下來」的感覺。

以前我會絞盡腦汁地在畫作中添加自己的想法，而現在已經能夠做到「無添加」，讓想畫的東西單純通過自己就「足夠有滋味」。

如此一來，無論畫了多少，幾乎都不會感到疲憊，可以一直畫下去。而且，也獲得了一種效果，就是能輕鬆地與廣泛的主題正面對決，不經篩選，以「自己的品質」去表現出來。

關於新鮮度

我很重視感動的新鮮度。我認為，在「想畫」這種感動的品質降低之前畫出來是最好的。

每份感動都不一樣，有的一天不到新鮮度就開始降低，有個則能保鮮超過一個月。

下面這幅「雨滴」，就是我遇到一場午後雷陣雨之後立刻畫下來的。

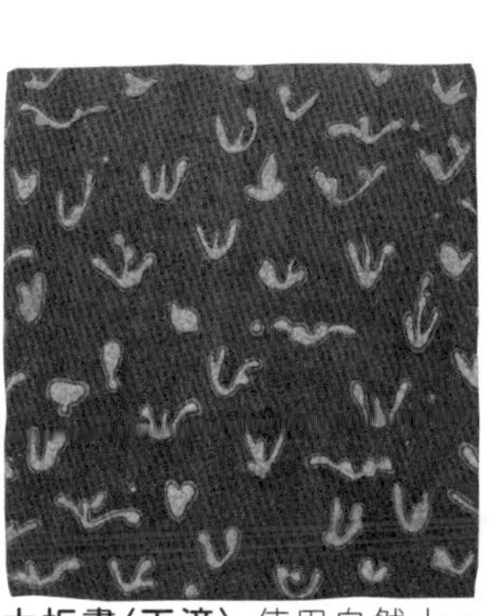

木板畫〈雨滴〉 使用自然土、石繪製於胡桃木材上（2019）

關於「花」——效仿《風姿花傳》

這本書裡提到了「高水準的美」、「高品質的美」，又用「說服力」、「純度」、「文化力」、「新鮮度」、「讓人想支持的特色」等形形色色的關鍵字來描述「真正的美」。找到「真正的自己的美」，對於持續活動來說是非常重要的一件事，但是非常非常地困難。

最後，我要將自己能夠告訴你、能幫助你找到「真正的自己的美」＝「花」的一種手法，或者說是步驟寫在下面。重點在於「究極地感受自己」，並同時「用客觀視角觀察自己」。最後，請試著追尋「自己」與「整體」融合的感覺。

＊

此外，稍微用其他觀點思考看看，就能夠感覺到自己親手描繪的畫所發出的光芒，試著讓心沉靜下來、穩定下來，然後提筆作畫吧。

＊

就像世阿彌所說的「秘則為花」一樣，我認為如果自己獲得「花」之後，就沒有言語化的必要了。

為了獲得自己的「花」

基本上它就藏在自己的作品中，但我們大多留意不到
→很難光靠自己的力量找到「花」

有一個方法

現成和靈感的美之中不存在真正的美

1、將大部分事物都視為現成的美
2、找出自己最重視的事
3、想像它在人類的歷史中來自何處
4、在此基礎上仔細思考，活在現代的你能夠做些什麼
5、將其化為作品發表→會根據緣分自然進化
6、重複步驟1～5，藉此提高自己的純度

→在這個過程中，你一定會遇到「花」的蓓蕾！

我接下來的目標

在目前為止遇見的許多人的支持之下，我才能夠持續活動至今。多虧大家，我才能夠努力創作許多的作品。

接著要來談談，我對自己未來的活動抱持什麼樣的想像。如同我在「天之章」開頭說的，「靠繪畫生活的人是自營工作者」。為了在變化應該會很劇烈的未來生存下去，我認為作為一個自營工作者，多角化經營是很重要的。

我想藉由新風格的摩登畫作，以及挑戰擴展「隔扇畫企畫」，來尋找新的價值。

除此之外，我現在也五十歲了，所以能舉辦像「討論會」這種傳達自身理念活動的時間，大概也只剩五到十年了。要是年紀太大，「我的發言聽在別人耳裡顯得過於沉重」和「不符合時代」的可能性會漸漸提高，我覺得活動帶來的副作用會比其效果還要大。

由於不可能一直停留在五十歲，所以我想找到「當下的自己能做的事」，腳踏實地活動。

綜合考量之下，我還是想要努力創造出能讓未來人欣賞的東西。

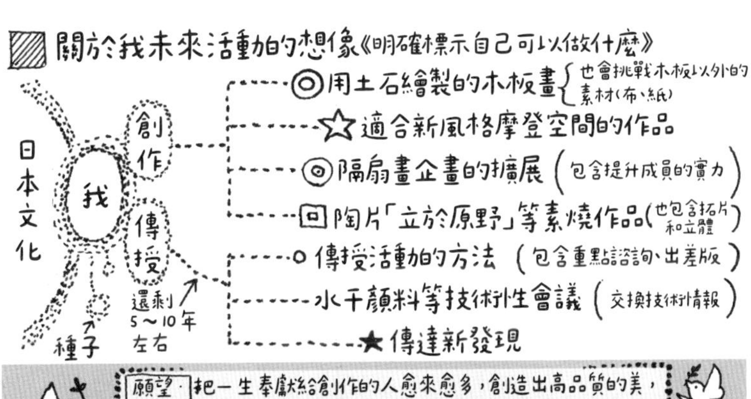

顏料粒子與明膠的關係（1）

（1）　2020.2. Fukui Sadanori

（在寒冷空間中也能作畫的水干顏料調合方法）①概念

粒子的種類

……可根據粒子表面的平滑度（凹凸的量、凹凸的大小）與粒子內部有無孔洞來分類。

Ⓐ表面平滑、內部無孔洞
- 結晶型的礦物顏料（粗粒子）
  - → 散發光澤
  - → 畫的時候「顏料會滑」
- 與明膠融合的情況較差

Ⓑ表面凹凸、內部無孔洞
- 非結晶型的礦物顏料
- 細緻粒子的礦物顏料（包含結晶型）
  - → 上色時和乾燥後的色差很大
  - → 霧面質感

Ⓒ表面凹凸、內部有孔洞

根據孔洞大小又分為（小→大）
- 微孔　小於 2nm
- 介孔　2nm ～
- 巨孔　50nm

- 煤煙
- 胡粉
- 水干顏料
- 土類
  - → 霧面質感～稍有光澤
  - → 好好運用的話，會有一點防水性
- 可與明膠緊密結合

只有C粒子可以在寒冷空間（4°C ～ 8°C）作畫

- 究竟是什麼結構呢？

（●明膠　Ⓒ粒子）

- 明膠進入凹陷的孔洞
  - → 粒子與明膠融為一體

參考　Ⓐ A粒子
- 明膠停留在表面

Ⓑ B粒子
- 明膠停留在凹陷處

- 明膠之所以會化為果凍狀、黏性減弱，是因為明膠彼此結合、聚合。
  - → 明膠脫離粒子
- 但是，只要C粒子與明膠融為一體，就不會化為果凍狀。
  - → 明膠無法脫離已融為一體的粒子

☆提示

- 墨即便擺在非常低溫的環境也不會乾掉，可以繼續作畫。
  - 墨的成分一半是碳煙，一半是明膠（印象中明膠成分多一點）

（50%～60%　※據說是重量比例各半。不知是否包含水分。）

- 墨的立方體非常堅固，即便泡在熱水裡也不會溶出墨色。
  也不會斷掉或裂開。
  - ⇒ 為什麼呢……因為製作墨的工匠有好好杵搗。

土石・福井安紀

技術資料①　根據利用土、砂、石自製顏料並作畫至今的經驗，研究粒子與明膠的關係，發現了即便氣溫只有4°C～8°C，明膠也不會變成果凍狀、可以繼續作畫的水干顏料及明膠的製作方法

顏料粒子與明膠的關係(2)

2020.2 Fukui Sadanori

(在寒冷空間中也能作畫的水干顏料調合方法)②手法

▨ 製作方式的概念

重點 ① 將明膠壓進粒子的孔洞(擠出孔洞內的空氣)

空氣

- 如果用水分較多的膠液，會因為水和空氣的排斥反應而無法壓進明膠
- 有蜂蜜般的黏性的話，較適合調合

② 留意與粒子的孔洞量相應的明膠量。

- 如果是碳煙(墨)，可以用與碳煙的重量同量的明膠(可能含有水分)調製。
- ◉ 如果是胡粉，明膠(不含水分)的量大概抓 15% 比較好。
- 在大部分情況下，想成需要的明膠量比過去經驗上還要多即可。

③ 若明膠已與粒子融為一體，即便之後加入水，也不會分離。

- 壓進孔洞的明膠是無法分離的。

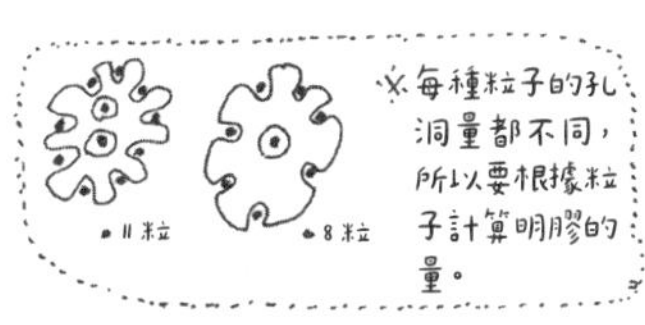

▨ 調合步驟

・比例需依照水干顏料或胡粉進行調整

① 把水干顏料(13g)(事先磨成粉)與蜂蜜狀的明膠或泡發的果凍狀明膠(9 ~ 12g)混合 → ※三千本膠的 3g 分量

② 要用體溫讓明膠變成液狀，所以用手指施力按壓調合

③ 水干顏料＋明膠凝固，因此加入 1、2 滴水，繼續調合

④ 水干顏料和明膠整體都混合好後，放鬆手指的力道，用指腹摩擦

⑤ 不時加幾滴水，摩擦約 10 分鐘左右。〈製作完成〉

⑥ 在做好的顏料中加入適當的水。(數 g ~ 30g) ※調成方便作畫的濃度

(注意)…這種調得比較硬的類型一旦乾掉，就很難繼續使用，所以基本上要一次用完。

▨ 蜂蜜狀明膠製作步驟

① 將 3g 三千本膠泡進冷水，放進冰箱泡發 12 小時。

② 過了 12 ~ 24 小時，泡發的明膠會變成 7 ~ 12g。 ※冷水倒掉

③ 稍微加熱一下，就會融成蜂蜜狀〈完成〉 ※用 500W 微波爐的話，加熱約 4 秒

- 還有將融化的膠液拿去煮這個最普通的方法，但量少的話很難這麼做。

土石・福井安紀

〈希望藉由許多人的巧思，創造出更厲害的顏料、更好的手法。〉

技術資料②　若是採用這種製作方式，在寺廟等大空間的牆壁上作畫時，冬天也能放心地畫。

在寒冷空間中也能作畫的水干顏料調合方法③

～蕨餅法～ 2020.12.Fukui Sadanori

▨重點
- 全程都不需要開火或加熱。
- 也可以製作一整桶的水干顏料。
- 當然，在寒冷的空間（6° C）也可以製作，就算使用很多顏料，也不會變成果凍狀或留下圓形痕跡。

（以前的人肯定也會在寒冷的環境中作畫）

▨調合步驟

※「泡發明膠」指的是將三千本膠泡進冷水放置1天的膠

① 將泡發明膠放進研磨缽

② 將與泡發明膠量相應分量的水干顏料放進研磨缽

③ 在看起來像蕨餅與黃豆粉的狀態下調合
（將附著在研磨缽側面和研磨棒上、沒有調和到的部分弄到中間）

④ 充分調合後，加入盡可能少量的水，稍微攪拌均勻

⑤ 加水到適合作畫的軟硬度。 大功告成！

▨泡發明膠與水干或胡粉的分量比例 ⤴ 會因粒子不同而稍有變化

・不含水分的重量比例，胡粉15%～20%就差不多＝乾粉

泡發明膠 1g
（乾燥狀態 0.33g）

+粉 1.32g 就是占整體 20% 的明膠分量的狀態

+粉 1.87g 就是占整體 15% 的明膠分量的狀態

① 由於想得太詳細會很複雜（雖然大部分的人會覺得「明膠太多」，但請大家放膽嘗試。）

← 這樣大概 20%

← 這樣大概 15%

請根據結果的現象做調整。

土石・福井安紀

技術資料③　將技術資料②在10個月後進行改良、使之進化，終於找到完全不用加熱就能充分調合明膠與水干顏料的方法「蕨餅法」。

在寒冷空間中也能作畫的水干顏料調合方法④

示意圖　　2020.12 Fukui Sadanori

……粒子（有許多孔洞類型的水干或胡粉）　……明膠　……果凍狀的明膠

理想的結合

※進入孔洞的明膠不會和其他明膠連結，所以不會變成果凍狀

……全部的孔洞都塞進了明膠的狀態
・強韌、具有些微防水性　・紙不會皺

不完全的結合（明膠不足）（但是有充分調合）

……有些孔洞裡沒有明膠
・脆弱、容易滑動　・色澤看起來比較淡

不完全的結合（因為明膠不足而沒有調合好）

這種狀況較常見

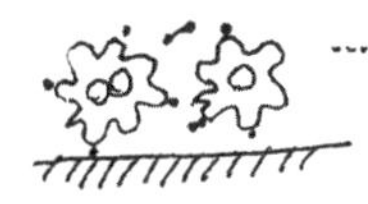

……明膠沒有進入孔洞，附著在粒子表面或沒有附著在粒子上，存在自由明膠的狀態
・脆弱　・會形成圓形痕跡　・會剝離
・紙容易皺

不完全的結合（明膠過多）（有充分調合）

寒冷時也可能會變成果凍狀

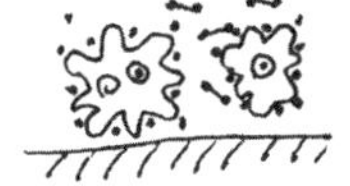

……明膠有進入孔洞，但是多出來的分量附著在粒子表面，存在自由明膠的狀態
・強韌　・會形成圓形痕跡、表面光澤
・紙會皺

不完全的結合（因為明膠過多而沒有調合好）

天氣一冷就會變成果凍狀

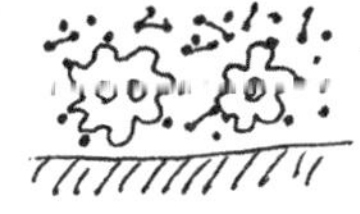

……明膠沒有進入孔洞，存在很多自由明膠
・圓形痕跡、表面光澤　・裡頭乾燥
・會剝離　・紙會皺

※希望各位對照上述現象，去想像自己的水干顏料狀態。

土石・福井安紀

技術資料④　真正經過充分調合的水干顏料，不會產生圓形痕跡和光澤。此外，即便直接以圓球狀放到紙上，也會直接附著上去。

為什麼會構思「在寒冷空間中也能作畫的水干顏料調合方法」？

我覺得很多人認為現在的日本畫沒辦法在低溫環境下描繪。至於是低於幾度，每個創作者的認知各有不同，而基準值大約是 12 ～ 15°C。不過，在各種場地進行作畫活動時，也會遇到氣溫不一定夠暖的情況。在冬天的寺廟這類空間，即使開了暖氣，牆壁還是冷冰冰的。這種情況江戶時代的先人繪師應該也都經歷過才對，因此我認為在低溫環境下也可以作畫。

而給了我另一個提示的，是用硯台磨出來的墨即使在低溫環境也可以毫無障礙地使用。固體的墨是由碳煙和明膠約各半杵搗而成的。

因為這件事，我認為水干顏料在低溫環境下應該也能作畫。

根據至今為止自製顏料的經驗，我從粒子的構造開始思考「粒子與明膠的結合狀態」，發現重點在於用「水分較少的明膠」來杵搗。

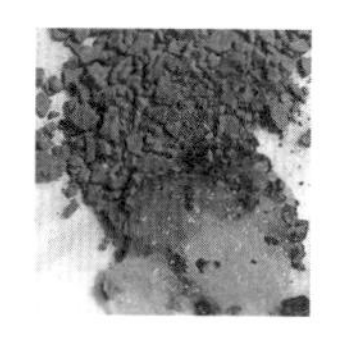

接著，我也針對胡粉的立體表現，嘗試了同樣的杵搗方法，最後成功做出了 6 公釐的堅固山狀（固體墨非常堅固，泡在熱水裡也不會怎麼樣，這一點啟發了我）。

我用這種手法杵搗出的水干顏料，在寒冷的空間作畫。此外，若是利用資料③的「蕨餅法」，完全無需加熱，只要泡開就可以作畫了。不用加熱顏料也能作畫這一點非常方便。

抱持半信半疑的態度也無妨。如果你願意嘗試一次看看，我會感到很高興。

水干顏料的問題種類

多
剝離
表面光澤
紙會皺
我的目標
明膠的量
圖形痕跡
顏色不均
顏色不均
畫筆很難推開
少
掉色
用手摩擦
就會掉色
弱
杵搗
充分

▨「用土、石、砂作畫」 關於作畫方式（筆記）

Fukui Sadanori

① 在旅行地等處看見符合自己喜好的土、石、砂。

② 撿起單手可以掌握的量的土、石、砂。（盡量少一點）

③ 如果介意海邊砂子的汙垢和鹽分，可以用水洗淨，
去除鹽分後再將其風乾。

④ 放進果醬罐之類的玻璃瓶內。 ← ※如果是石頭，要先用槌子敲碎弄小。

⑤ ※將需要的用量放進研磨缽。

⑥ 如果是石頭，要先用研磨棒搗細。搗細之後，加入明膠和水。
如果是砂或土，則先加入明膠和水再用研磨棒研磨。

⑦ 磨到喜歡的細緻度後，用便宜的筆沾泥水（土石粉末＋明膠水）塗色。

⑧ 等到完全乾燥後，再疊上一次色。＜以下與日本畫相同＞

⑨ 基本上要把磨成粉的量一次用完。
（畢竟是特地撿回來的）

筆尖很快就會磨損，所以我覺得用便宜的筆就行了。

用研磨缽敲碎石頭的要點
・敲擊發出低沉聲音的地方
・連續敲擊

研磨缽

● 關於明膠水的濃度

Ⓐ 在木板作畫的時候
每1g 三千本膠搭配9g 水（做最後上色時，要增加水的量，稀釋明膠）

Ⓑ 在和紙上作畫的時候
每1g 三千本膠搭配15 ～ 20g 水（做最後上色時，要增加水的量，稀釋明膠）

> （注）在木板上作畫的時候，不會塗上膠礬水。
> ・在加入土石粉末的明膠水（泥水）的狀態下進行 2 次打底。
> （第一次塗上去的土石粉末會很容易掉下來，但不用介意）
> （土石粉末雖然會掉下來，但明膠會吸附在木板上，建立穩固的地基）

● 其他 陶土不適合用「土石顏料」。
與明膠混合時，會形成類似麵粉結塊的顆粒，無法與明膠充分融合。

土石・福井安紀

技術資料⑤ 「用土、石、砂作畫」 關於作畫方式

＊水干顏料調合方式的相關問題，請諮詢作者福井安紀fookart@yahoo.co.jp

我和大多數創作者不同，一直以來都是獨立活動。用盡全力去做自己想做的事、自己能做的事。於是這二十年來，我作為一個專職畫家，成功維持著自由的活動。

我真心希望年輕創作者們能夠專職創作。我幾乎將自己所擁有的一切都化為文字，像作畫一樣配置在這本書裡了。

當然，我還是個不夠成熟的人，但是我告訴了大家，就連這樣的我都能專職創作。表現的世界真的相當自由。希望各位能再多想點自己的辦法，不要被金錢這種東西束縛住，獲得可以自由追求美之表現的生活。

非常感謝企畫、編輯本書的 Bookworks 響的中島悠子小姐、誠文堂新光社編輯部的中村智樹先生、設計師高橋克治先生。

此外，我也衷心感謝，在這個毫無經驗的文字世界完成一件作品的過程中，給予我強大支援的人們。

二〇二一年五月

福井安紀

謝辭

深深感謝在出版《以創作為生　20 年全職畫家寫給創作者的事業指南》時關照過我的各位，以及協助拍攝、取材、提供照片的大家。

越田博文
岡村倫行
木代喜司

畫廊
ギャラリー F（京都市）
ギャラリールポール（神戸市）
銀座煉瓦画廊（東京都中央区）
ギャラリーモナ（東京都港区）
奈良町物語館（奈良市）
アートギャラリー北野（京都市）
ギャラリーいわき（いわき市）
ギャラリー書泉（名古屋市）
晩翠画廊（仙台市）
ギャラリー風（福岡市）
ギャラリー＆ポストカード藤影堂（奈良市）
アートスペース 88（国立市）
ギャラリー子の星（東京都渋谷区）
ギャラリー懐美館（東京都渋谷区）

神社／寺廟
伏見神宝神社（京都市）
鏡石鹿嶋神社（福島県鏡石町）
髙砂神社（高砂市）
性海寺（神戸市）
泉妙院（京都市）
海蔵寺（京都府伊根町）
西法寺（海南市）
光雲寺（三重県明和町）

個人／企業
須藤敏浩
おばんざいバー はなたま（浜松市）
地蔵山 鈴木秀男
と夢（京都市）
浦辻靖弘
料亭 福寿家（吉川市）
橋本章子
株式会社グラナダ 下山雄司
アトリエカフェいえ（福岡市）
三三ハウス（東京都台東区）
天神ササラ（大阪市）
木村天真堂（京都市）
芝地進
会津屋（白河市）
ギャラリーえにし 細谷美刈（鎌倉市）
GOOD NATURE HOTEL KYOTO
株式会社ケイ・ワタベ一級建築士事務所
鰻のえびや（伍代目）（会津若松市）
ギャラリー＆サロン迦倶楽（釧路市）
相互トラック株式会社 三浦芳裕
Volcana H.（ 東京都渋谷区）

對談採訪
山本太郎
服部しほり
田住真之介

封面照片
岡林秀和 / 藤川博章　（順序不同，敬稱省略）

參考文獻　『江戸の絵師「暮らしと稼ぎ」』安村敏信、2008 年、小学館

原書書封、插畫　福井安紀
編輯　中島悠子
排版　高橋克治

以創作為生

20 年全職畫家寫給創作者的事業指南

職業は専業画家：無所属で全国的に活動している画家が、自立を目指す美術作家・
アーティストに伝えたい、実践の記録と活動の方法

作者	福井安紀
翻譯	王綺
責任編輯	張芝瑜
書封設計	廖韡
內頁排版	江麗姿
發行人	何飛鵬
事業群總經理	李淑霞
社長	饒素芬
主編	葉承享
出版	城邦文化事業股份有限公司 麥浩斯出版
E-mail	cs@myhomelife.com.tw
地址	115 台北市南港區昆陽街 16 號 7 樓
電話	02-2500-7578
發行	英屬蓋曼群島商家庭傳媒股份有限公司城邦分公司
地址	115 台北市南港區昆陽街 16 號 5 樓
讀者服務專線	0800-020-299（09:30 ～ 12:00; 13:30 ～ 17:00）
讀者服務傳真	02-2517-0999
讀者服務信箱	Email: csc@cite.com.tw
劃撥帳號	1983-3516
劃撥戶名	英屬蓋曼群島商家庭傳媒股份有限公司城邦分公司
香港發行	城邦（香港）出版集團有限公司
地址	香港九龍九龍城土瓜灣道 86 號順聯工業大廈 6 樓 A 室
電話	852-2508-6231
傳真	852-2578-9337
E-mail	hkcite@biznetvigator.com
馬新發行	城邦（馬新）出版集團 Cite（M）Sdn. Bhd.
地址	41, Jalan Radin Anum, Bandar Baru Sri Petaling, 57000 Kuala Lumpur, Malaysia.
電話	603-90578822
傳真	603-90576622

總經銷	聯合發行股份有限公司
電 話	02-29178022
傳 真	02-29156275

製版印刷	凱林印刷股份有限公司
定價	新台幣 480 元／港幣 160 元
	2024 年 11 月初版一刷・Printed In Taiwan
ISBN	9786267558409

國家圖書館出版品預行編目資料

以創作為生：20年全職畫家寫給創作者的事業指南/福井安紀著；王綺譯. -- 初版. -- 臺北市：城邦文化事業股份有限公司麥浩斯出版：英屬蓋曼群島商家庭傳媒股份有限公司城邦分公司發行, 2024.11

面 ； 公分

譯自：職業は専業画家：無所属で全国的に活動している画家が、自立を目指す美術作家.アーティストに伝えたい、実践の記録と活動の方法

ISBN 978-626-7558-40-9(平裝)

1.CST:畫家 2.CST: 職場成功法

494.35　　113015885